Three-dimensional
Design

FUNDAMENTALS OF C4D THREE-DIMENSIONAL DESIGN

C4D 三维
设计基础

主 编 徐 峰 余本新

副主编 吴厚湛 李翔宇

罗 婧 邹红媛

辽宁美术出版社
LIAONING FINE ARTS PUBLISHING HOUSE

前　言

　　本书整体方向偏向于建模方向，包含基础建模和多边形建模两大模块，各部分涉及效果器的加持。模块的顺序也是由简易逐渐走向复杂。其中模块二以中国社区logo和五角星为建模实例进行讲解，使读者通过身边的物体开始认识、学习建模知识；模块三以沙发建模为实例，相对于前一模块，模型的复杂程度有所提升，建模使用的工具有所增加；模块四以紫砂壶建模为实例，主要讲解模型的挖洞和拼接技巧；模块五以中国灯笼建模为实例，主要讲解在建模中需认识效果器的用法，学会效果器在建模中的用法；模块六为陶瓷罐建模，本模块主要接触到多边形建模，学会复杂的结构布线；模块七材质（一），初识渲染，学会漫射和反射材质通道的调节；模块八材质（二），相对于上一个模块，再次加深对于材质的调整；模块九摄像机，初识摄像机，学会摄像机的参数调节；模块十灯光，初识灯光，学会灯光参数，了解光影关系的变化；模块十一建模中姿态变形的应用，本模块主要学会如何在建模中运用姿态变形这个标签给模型制作过渡效果；模块十二限制标签和FFD在建模中的应用，相对于上一模块，本模块主要学习调整模型大形的思维方式；模块十三以口红建模为实例，本模块属于综合性较强的建模，学习多边形建模的灵活运用；模块十四以公仔建模为实例，本模块主要学习效果器建模的含义、与插件的配合、细节处理及带领读者走向进阶建模阶段；模块十五进入场景渲染，主要学习到场景的布光、材质调节，充分进入初级渲染阶段；模块十六相对于模块十五增加了渲染的技巧，了解到焦散原理。

目 录
CONTENTS

前言

模块一　课程导入
一、知识储备　012
二、课程基本内容　016

模块二　中国社区logo和五角星
一、授课建议　020
二、课前准备　020
三、技能点　020
四、素养点　020
五、主体内容　020
六、课后小结　024
七、资源推荐　024
八、课后作业　024

模块三　沙发建模
一、授课建议　026
二、课前准备　026
三、技能点　026
四、素养点　026
五、主体内容　026
六、课后小结　03
七、资源拓展　03

八、课后作业　　080

模块四　紫砂壶建模

一、授课建议　　084

二、课前准备　　084

三、技能点　　086

四、素养点　　084

五、主体内容　　084

六、资源推荐　　087

七、课后小结　　089

八、课后作业　　040

模块五　中国灯笼建模

一、授课建议　　042

二、课前准备　　042

三、技能点　　044

四、素养点　　042

五、主体内容　　046

六、资源推荐　　046

七、课后小结　　048

八、课后作业　　048

模块六　汽油瓶建模

一、授课建议　　049

二、课前准备　　049

三、技能点　　049

四、素养点　　049

五、主体内容　　049

六、课后小结　　052

七、资源推荐 054

八、课后作业 054

模块七　材质（一）

一、授课建议 056

二、课前准备 056

三、技能点 056

四、素养点 056

五、主体内容 056

六、渲染心得 059

七、资源推荐 060

八、课后作业 060

模块八　材质（二）

一、授课建议 062

二、课前准备 062

三、技能点 062

四、素养点 062

五、主体内容 062

六、资源推荐 067

七、渲染心得 067

八、课后作业 067

模块九　摄像机

一、授课建议 070

二、课前准备 070

三、技能点 070

四、素养点 070

五、主体内容 070

六、资源推荐　073

七、课后小结　073

八、课后作业　073

模块十　灯光

一、授课建议　076

二、课前准备　076

三、技能点　076

四、素养点　076

五、主体内容　076

六、资源推荐　081

七、课后小结　081

八、课后作业　081

模块十一　姿态变形在建模中的应用

一、授课建议　084

二、课前准备　084

三、技能点　084

四、素养点　084

五、主体内容　084

六、资源推荐　089

七、课后小结　089

八、课后作业　089

模块十二　限制标签和FFD在建模中的应用

一、授课建议　092

二、课前准备　092

三、技能点　092

四、素养点　092

五、主体内容　094

六、资源推荐　096

七、课后小结　096

八、课后作业　096

模块十三　口红建模

一、授课建议　098

二、课前准备　098

三、技能点　098

四、素养点　098

五、主体内容　098

六、资源推荐　114

七、课后小结　114

八、课后作业　114

模块十四　公仔建模

一、授课建议　116

二、课前准备　116

三、技能点　116

四、素养点　116

五、主体内容　116

六、资源推荐　123

七、课后小结　123

八、课后作业　123

模块十五　几何场景渲染

一、授课建议　126

二、课前准备　126

三、技能点　126

四、素养点 …… 28

五、主体内容 …… 128

六、资源推荐 …… 132

七、课后小结 ……

八、课后作业 …… 132

模块十六 焦散效果渲染

一、授课建议 ……

二、课前准备 …… 134

三、技能点 …… 134

四、素养点 …… 134

五、主体内容 …… 134

六、资源推荐 ……

七、课后作业 ……

附件

一、Octane渲染器介绍 ……

二、认识Octane渲染器 …… 141

三、OC灯光 …… 145

四、OC材质 …… 149

五、OC摄像机 ……

六、材质节点 ……

七、OC渲染添加设定 ……

八、OC渲染输出 ……

九、体积分布和体积对象 ……

十、OC台灯场景渲染 ……

十一、作品欣赏 ……

后记

模块一

课程导入

MODULE ONE
COURSE IMPORT

课程简介 ///
介绍CINEMA 4D基础工具，了解CINEMA 4D使用攻略。

知识储备 ///
软件介绍：CINEMA 4D R20界面介绍。

技能点 ///
掌握CINEMA 4D软件。

模块一　课程导入

一、知识储备

（一）软件介绍

CINEMA 4D软件是一款由德国MAXON公司研发的三维软件，是目前国内电影、广告、工业设计方向较流行的三维软件之一，在影片《阿凡达》中一位中国工作者就是用了CINEMA 4D制作出部分场景，可想而知这样的大片也使用CINEMA 4D表现出优秀的效果，也证实CINEMA 4D成为一些一流艺术家和电影公司的首选。CINEMA 4D逐渐走向成熟。

三维软件也有很多种，但是每个都有自己擅长的领域，比如3DS MAX、MAYA、Blender、C4D等（图1-1）。

图1-1

如3DS MAX适合用来建模，而且建模的速度很快。有不少外国游戏公司都用3DS MAX，而国内的很多次时代游戏公司也会搭配着Zbrush去配合建模制作。相对于MAYA和C4D，3DS MAX偏向于影视、动画和特效方面；至于Blender，相信绝大部分同学还不知道这个软件，目前在国内市场还是比较少见的，用户大部分都是选择以上三个，它擅长特效和动画部分并且包含后期处理。相比之下，这四个强大的三维软件，每个定位都有所不同，但是再强大的软件如果不能结合自己的创意去展现，都是空谈。其实这些领域的分界并不明显，至于到底哪个软件强大的问题，实际上做美术的有一支笔即可，它们都是画板一般的工具。

CINEMA 4D有着强大的功能和扩展性，且操作较为简单，一直是视频设计领域的主流软件之一。随着功能的不断加强和更新，CINEMA 4D的应用范围也越来越广，涉及影视制作、平面设计、建筑包装和创意图形等多个行业。在我国，CINEMA 4D更多应用于平面设计和影视后期包装这两个领域。

近年来，越来越多的设计师进入CINEMA 4D的世界，为应用行业创造作品。CINEMA 4D R20软件安装：

1．打开包含CINEMA 4D R20安装程序的文件夹，运行安装程序"Setup.exe"，开始CINEMA 4D R20的安装（图1-2）。

2．选择"简体中文"语言模式（图1-3）。

3．选择完语言之后，就可以看到C4D软件的概述以及一些快速入门介绍和注意事项，直接进入下一步（图1-4）。

4. 填写框中的名称、公司信息、序列号等各种信息，如果是正规激活版本可以据实填写，以得到正版授权（图1-5）。序列号在安装压缩包内的Word文档中（图1-6）。

5. 后续会弹出许多界面，如选择安装类型、安装特性、用户许可合同等，这些界面都只需要按步骤点击继续即可（图1-7～图1-9）。

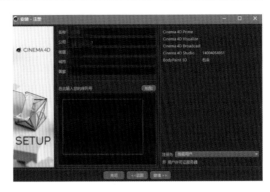

图1-5

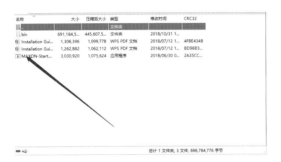

图1-2

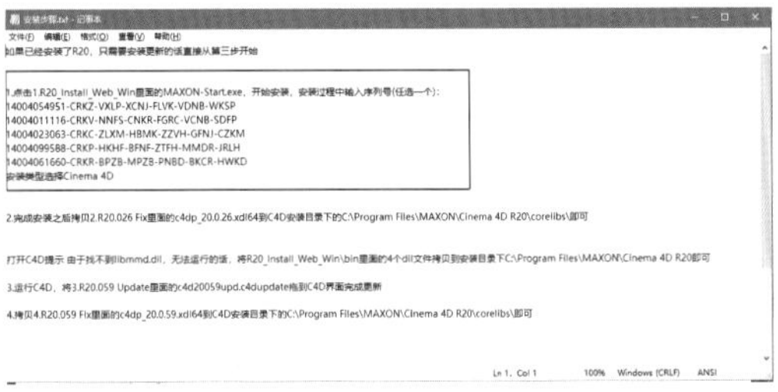

图1-6

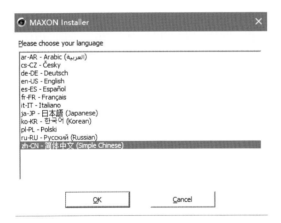

图1-3

图1-7

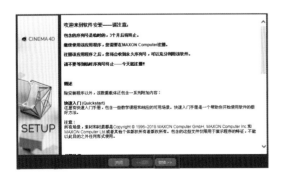

图1-4

图1-8

6．最后出现的页面就是文件的安装路径
（图1-10）。

一般开始会默认在C盘进行安装，毕竟这
是每一台电脑必备的安装盘，但是如果我们划
分了系统盘，那么就有必要将软件安装到其他
的盘里，以防系统盘的内存过高，导致电脑卡
顿，不过需要注意的是这里需要建立一个英文
名称的文件夹，才是有效的路径。需要我们手
动安装的步骤已做完，等待文件最后的自行安
装即可。

图1-9

图1-10

（二）CINEMA 4D R20界面介绍

1．界面：CINEMA 4D R20基本界面分
布图，分别由菜单栏、属性栏、对象图层区、
可编辑区、时间轴区、工作台、材质区等组成
（图1-11）。

也可根据自身习惯更改界面布局，拖动界
面左上角窗口按钮即可自行编排。相对于其他

图1-11

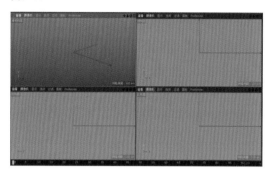

图1-12

三维软件，CINEMA 4D对于新手的友好程度
非常高，一是没有过于复杂的界面，二是视图
界面操作容易掌控。

2．视图介绍：CINEMA 4D包含四个视图
界面，分别为透视图、顶视图、右视图、正视
图，按鼠标中键即可启动，选择一个视图按鼠
标中键即可单独启动视图。滑动滚轮即可放大
或缩小模型；按住Alt键，拖拽鼠标左键，旋转
视图；按住Alt键，拖拽鼠标右键，拉近、推远
视图（图1-12）。

3．菜单栏：是整体的总和，基本的功能都
包含在菜单栏中，如文件项目的建立、效果器、
各种外置插件、立体模拟学等（图1-13）。

4．快捷属性栏：是随时都要用到的，在
操作模型时，经常搭配可编辑区功能运用，包
含选择、移动、缩放、各种基础模型和摄像机
灯光等（图1-14）。

5．可编辑区：也称模型的模式区，想去
移动模型的点、线、面是离不开可编辑区的，

包含面模式、点模式、模型模式、纹理模式、坐标轴模式等（图1-15）。

6. 工作区：是操作模型的区域，一切操作都在此处进行，在此界面移动和变化对象（图1-16）。

7. 时间轴区：如图制作动画k帧（图1-17）。

8. 图层区：跟一些平面软件的图层面板类似，所创建模型和图形都在这边显示，另外添加的属性也在这边（图1-18）。

9. 捕捉：在制作模型的过程中，经常要指定一些对象上已有的点，例如端点、原点和两个对象的交点等。如果只凭观察去移动，不可能非常准确地移动到想要的位置。在C4D中，可通过"捕捉"中的功能调节模式找到想要的位置。迅速、准确地捕捉到某些特殊点，

从而精准地制作模型，在编辑栏中打开，长按启动捕捉，切换捕捉模式，记住搭配模式的转换去进行。（图1-19）

10. 轴对齐：在制作模型时，难免因为模型的坐标轴带来很多麻烦，那么在C4D中可根据自身点、面、线来规划坐标轴的空间关系，从而避免空间关系的混乱，在菜单栏中找到"网格"点击"重置轴中心"，选择轴对齐（图1-20）。

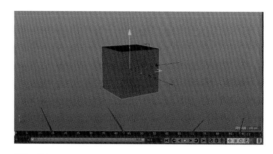

图1-17

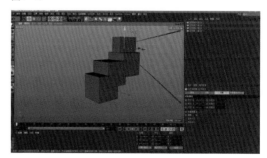

图1-18

图1-13

图1-14

图1-15

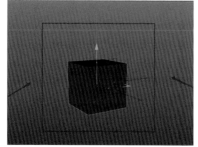

图1-16

图1-19

图1-20

二、课程基本内容

（一）CINEMA 4D基础工具

这里只介绍建模领域中用到的一些常用工具，读者想了解关于动画、特效方面知识可自行参考其他专项书籍。

1. 新建项目

方法一：双击计算机桌面的CINEMA 4D R20之后，自动新建一个"未标题"项目，可自行设置名称。

方法二：选择"文件—新建"命令，可创建新的图形文件，此时按住Ctrl+S即可命名（图1-21）。

2. 绘制工具

选择工具：默认状态下，鼠标为选择工具按钮。选择通常运用实时选择和框选选择，两种的区别基本就是多选和单选。快捷属性区内选择第一个即可启动。

移动：可随意移动对象，通常在移动样条拉杆时运用到。快捷属性区内选择第二个即可启动。

缩放：放大或缩小对象，选择三轴向可等比例缩放模型大小。快捷属性区内选择第三个

图1-21

即可启动。

旋转：可旋转模型的位置，按住Shift键可将数值整体旋转。快捷属性区内选择第四个即可启动。

画笔："画笔"也是画样条的唯一工具，长按住画笔工具可选择初始化样条。通常搭配"扫描"和"挤压"效果器使用。

3. 常用效果器

细分曲面（图1-22）：

"细分"是建模中最常用的效果器，可让少面、少点且模型边缘锐利的对象立刻圆滑起来。但是在加了之后一定要通过加线控制边缘的圆滑程度，不然整体的模型肯定会有很大问题的。添加细分后模型尽量规避"三角面"的出现。

挤压效果器（图1-23）：

"挤压"是三维软件中最常见的效果器，它可通过一个闭合的样条去制作出三维模型，但是在加"挤压"时，一定要控制挤压的轴向和厚度。

旋转效果器（图1-24）：

"旋转"跟"挤压"有些相似，通过样条的旋转构建三维造型，通常用在绝对对称的模型。

扫描效果器（图1-25）：

"扫描"通过两个样条作为基础，一个是

图1-22

图1-23

封闭样条，一个是未封闭样条。封闭样条作为模型的厚度，未封闭样条作为路径。通常用在制作管道条形状模型。

克隆效果器（图1-26）：

"克隆"基本就是为原有模型添加数量，通过模式规定想要的克隆方式即可。

4．建模常用工具

线性切割工具：给模型添加线条，选择"线面模式"，右击可找到，快捷键KL。

焊接工具：可把多个点连接成一点，选择"点模式"，右击可找到，快捷键MQ。

图1-24

图1-25

图1-26

挤压工具：可把面挤压成三维模型，选择"面模式"，右击可找到，快捷键D。

循环切割工具：跟线性切割相比，循环切割有限制，必须是一个循环结构才可加线。选择"线模式"，右击可找到，快捷键KL。

倒角工具：倒角有两个模式，分别为实体和倒棱，在结构处添加线条实体模式不会改变模型边角，相反倒棱模式会在加倒角处添加多面。当然面和距离都是可控制的，调整细分数和偏移即可，快捷键MS。

优化工具：在模型转换为可编辑对象时，难免会出现断点、断面现象，所以要养成随手优化的习惯，快捷键UO。

滑动工具：通常在需要移动点时，用到此工具，可在不改变模型表面造型的情况下改变点位置，快捷键MO。

分裂工具：通常运用在面模式中，在需要提取模型中单独面时使用该工具，快捷键UP。

消除工具：能消除掉多余的点、线、面，但是有时会改变模型的基础形。在没有结构凸起的情况下使用，快捷键MN。

（二）CINEMA 4D使用攻略

1．利用样条给模型加线

选中需要加线的模型，进入点、边、多边形模式，然后选中线性切割工具，按住Ctrl键的同时用"线性切割"工具点击相应的线条，模型上就会添加上和样条对应的线。

2．样条提取

选中模型上的一些样条，执行网格—命令—提取线条，可以把所选样条提取出来。

3．利用挤压工具转换闭合样条为面

对一闭合样条进行挤压，挤压属性的移动里全部设为0，然后会惊奇地发现，闭合样条变成了一个面。

4. 利用Ctrl键快速切换所选对象的点、边、多边形

在选中模型一部分多边形的情况下，按住Ctrl键切换到点、边，会发现所选多边形包含的点、边全部会自动选中。

5. 利用缩放工具快速打平平面

选中需要打平平面的部分点、边、多边形，按住Shift键的同时使用缩放工具缩放到0，可快速打平。

6. 镜像切割切出对称边

使用循环、路径切割工具的时候勾选镜像切割，可以切出对称的两条边，卡线的时候非常好用。

7. 循环切割快速偏移50%

循环切割时，先随便在一位置切割一条边出来，然后点击+前面的符号|||，可以快速使切割偏移50%。

8. 最大化显示对象

选中对象，英文输入状态下按下O键可以最大化显示所选对象；按下H键可以最大化显示场景内所有对象。

9. 复位默认状态

C4D里面的好多参数支持状态复位，用鼠标在图示处单击右键，然后选复位默认状态即可。

10. 构图

C4D摄像机的合成选项中，设置有构图功能。里面有多种方式供选择，调整场景中元素位置和大小的时候可以作为参考，方便对场景进行构图。

11. 同时改变多个参数

同时选中对象的多个参数，调节其中一个参数值，然后按下Ctrl+Enter键，则其他参数会等值变化。

模块二

中国社区logo和
五角星

MODULE TWO
CHINESE COMMUNITY
LOGO AND
PENTAGRAM

授课建议 ///
建议2课时（理论1课时，实践1课时）。

课前准备 ///
1. 安装好C4D软件，熟悉界面。
2. 了解挤压效果器和钢笔工具。

技能点 ///
1. 掌握挤压效果器的使用。
2. 理解样条软化和钢化原理。
3. 利用钢笔工具勾线。
4. 样条布尔的运用。

模块二　中国社区logo和五角星

一、授课建议

建议2课时（理论1课时，实践1课时）。

二、课前准备

1. 安装好C4D软件，熟悉界面。
2. 了解挤压效果器和钢笔工具。

三、技能点

1. 掌握挤压效果器的使用。
2. 理解样条软化和钢化原理。
3. 利用钢笔工具勾线。
4. 样条布尔的运用。

四、素养点

1. 2012年4月17日，民政部正式公布"中国社区"标识，标识由图案与文字组合而成，作品以汉字"区"、挽手的人和中国结作为基本造型元素，整体色彩以中国红为主色调，体现了鲜明的中国特色，寓意吉祥。图形整体呈开放的菱形，内部包含中国结图案，菱形与中国结象征汉字"区"字，标示出社区与特定地域的依附关系。

2. 五角星取自五星红旗。本模块以中国社区和五角星为模型，一是为弘扬我国传统文化，二是旗帜引领前进方向，旗帜凝聚奋斗力量。鲜艳的党旗始终高高飘扬，激励全党全国各族人民不忘初心、牢记使命，坚定理想信念，为实现中华民族伟大复兴的中国梦不懈奋斗。

五、主体内容

任务一：中国社区logo参考图设置

新建项目，点击鼠标中键，将参考拖入正视图（图2-1），用鼠标中键点击正视图，点击钢笔工具（图2-2）。按Alt+V，点击背景，点击下正视图，调整透明度为70%（图2-3）。

（一）样条绘制

利用钢笔工具画出大概造型（图2-4）（注意：该logo有分段，所以需要画多个样条，进行拆解）。切换实时选择工具和点模式，按住Shift加选有弧度范围的点（图2-5），右击找到柔化（图2-6），利用移动工具调整样条大概造型（图2-7）。注意：在调整时发现点不够时，右击创建点（图2-8）。选择外部样条，选择需要倒角的点（图2-9），右击找到倒角，调整对应倒角的大小（图2-10）。创建一个圆环样条，调整大小和参考一致（图2-11），同时选择圆环和内部样条，按住Ctrl+Alt键，找到样条布尔（图2-12），设置模式为B减（图2-13）。选择钢笔工具，画出镂空部分（图2-14）（注意：边缘软化的部分搭配倒角命令去操作），同时选择镂空部分和中样条，按住Ctrl+Alt键，添加样条布尔（图2-15），切换模式为B减A，按住中间切换到透视模式（图2-16）。

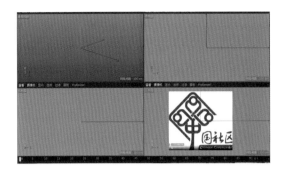

图2-1

图2-3

图2-5

图2-7

图2-2

图2-4

图2-6

图2-8

图2-9

图2-10

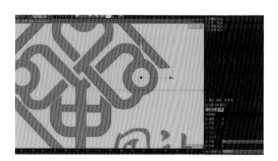

图2-11

图2-12

图2-13

图2-14

图2-15

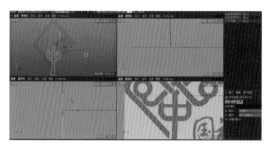

图2-16

（二）挤压效果器应用

分别给样条效果器和样条添加挤压（图2-17），复制2个中部模型，旋转调整对应位置（图2-18）。

任务二：五角星模型制作

在样条栏中添加星形样条（图2-19），调整点数为5，给样条添加挤压效果器（图2-20），将挤压转化为可编辑对象（图2-21）。注意：只有转化为可编辑对象，才能够进行点、线、面的单独选中并且进行相应的操作。全选挤压包括子级的封顶（图2-22），右击找到删除＋连接，切换点模式全选所有点，右击找到优化（图2-23）。右击找到线性切割工具（图2-24），将结构线连接（图2-25），加选前后两段线条交点，切换缩放工具沿着Z轴缩放（图2-26），调整整体模型厚度（图2-27）。

图2-21

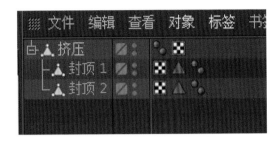

图2-22

图2-17

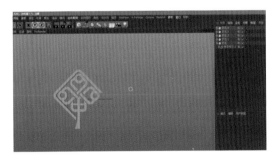

图2-18

图2-23　　　　　　　　图2-24

图2-19

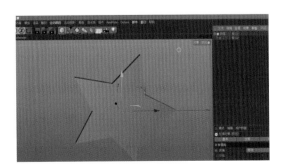

图2-20

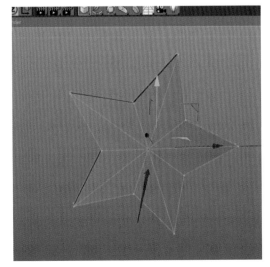

图2-25

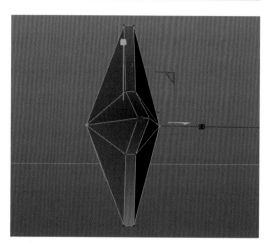

图2-26

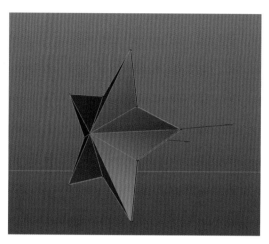

图2-27

六、课后小结

1. 掌握挤压效果器的使用，通过样条制作模型。

2. 熟练掌握钢笔工具的使用，以及如何调整样条。

七、资源推荐

C4D本身就是设计类软件，素材的堆积往往是不能缺少的，场景中的很多不重要的小零件都是通过网上的资源网站寻找的，推荐魔顿网、龋齿一号、C4D联盟、CG资源网等。

八、课后作业

1. 画样条时需要一次性把整体形画出来吗？

2. 制作中国社区logo和五角星，要求造型准确、厚度合适。

模块三

沙发建模

MODULE THREE
SOFA MODELING

授课建议 ///
建议3课时（理论2课时，实践1课时）。

课前准备 ///
1. 准备图片作为建模参考，放置正视图移动到坐标轴中心。
2. 课前需基本掌握C4D建模工具的使用，如对称效果器、循环切割工具、滑动工具等。
3. 了解模型的基本结构、比例、造型。

技能点 ///
1. 本模块主要涉及基础建模，通过挤压命令添加模型面数，形成所要的造型。
2. 熟悉挤压命令及软件的基本操作，特别是如何进行点、线、面工具的转换，以及如何通过参考捕捉到好的空间关系。

模块三　沙发建模

一、授课建议

建议3课时（理论2课时，实践1课时）。

二、课前准备

1. 准备图片作为建模参考，放置正视图移动到坐标轴中心。

2. 课前需基本掌握C4D建模工具的使用，如对称效果器、循环切割工具、滑动工具等。

3. 了解模型的基本结构、比例、造型。

三、技能点

1. 本模块主要涉及基础建模，通过挤压命令添加模型面数，形成所要的造型。

2. 熟悉挤压命令及软件的基本操作。特别是如何进行点、线、面工具的转换，以及如何通过参考捕捉到好的空间关系。

四、素养点

1. 本模块选择沙发建模，让大家熟知一个产品的模型是怎么搭建出来的。

2. 通过参考制作出模型的简面，在制作模型时，都是通过少面、少点、少线找出模型大概造型，不断增加模型的体积感。

3. 对于建模师来说，在建模中一定要有保存的习惯，不然在制作过程中会出大差错。建模中尽量控制少面来完成所需效果。

五、主体内容

任务一：参考图设置

需要与产品的原图进行参考对比（图3-1）。

图3-1

任务二：沙发基础形制作

通过对比分析了解模型的基础形，新建立一个立方体，把它转换为可编辑对象，切换成面模式（图3-2），按住Shift加选立方体的顶面和正面删掉（图3-3）。

切换为点模式（图3-4），调整大概的基础形状（图3-5），随着给模型加细分曲面，将对象作为细分曲面的子级（图3-6）（注意：给模型对象添加父级快捷方法，按住Ctrl＋Alt，同时选择想要添加父级的对象，点击效果器即可）。

继续对模型进行调整，在显示模块中找到光影着色（线条），能看到模型的线条走向（图3-7），关闭细分的效果方便调整。在对象栏中把细分曲面叉掉（图3-8），接着来分析下原图，会发现模型是完全对称的，所以找到对称效果器（图3-9）。

把它作为模型的父级，细分曲面的子级，快捷方法为选择细模型按住Shift+Alt，即可为对象添加父级（图3-10）。对称效果器的优势是在调整原来的模型时，所对应方向也会同步调整，这样能节省很多时间（图3-11）。

接着建立一个对称轴，先把对称的功能关闭（图3-12），然后选择模型（图3-13），切换为点模式。右击找到平面切割（图3-14），快捷键K+L，在模型上点击一下，点击上面的

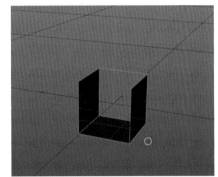

图3-2　　图3-3

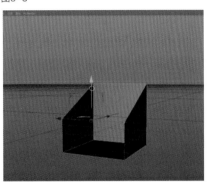

图3-4　　图3-5

图3-6

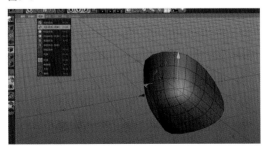

图3-7

图3-8

图3-9

图3-10

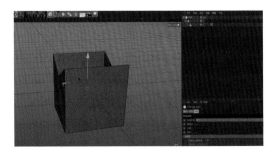

图3-11

图3-12

图3-13

图3-14

中部切割（图3-15），这样就能添加对称轴。接着切换面模式，删去一半的面（图3-16）。

打开对称效果器（图3-17），将对称的方向切换成XY的模式（图3-18），打开对称效果器（图3-19），然后勾选在轴心上限制点和删除轴心上的多边形两个选项（图3-20）（注意：在使用对称器时，是无法避免对称中心有多点多线存在的，这一操作能避免对称中心产生错面的情况）。

打开细分曲面和对称效果器（图3-21），调整模型的布线。在建模时都是通过不断加线加点，来实现模型的面数适当。按住K+L键在模型中添加三条循环线（图3-22），然后切换点模式，根据产品的需求调整点的位置（图3-23）。

打开细分曲面（图3-24），这样就把基础形大致完成了。

目前还只是表面，通过挤压来制作厚度。选择模型切换为面模式，切换框选工具（图3-25），框住整个模型，全选所有的面，右击找到挤压，快捷键D，在挤压的参数里勾选封顶（图3-26），把偏移值改成所需的值，然后点击应用（图3-27）（注意：在对称中心中，当使用了对称效果器，那么对称中心轴必须不

能有封顶，但是在挤压时勾选了封顶，所以模型现在是一个封闭的模型，不符合要求）。把细分曲面和对称的效果取消（图3-28）。

然后选择中间的交界面，删除。打开细分曲面和对称（图3-29）。

最后把细分跟对称关闭，调整每个点的位置（图3-30），打开细分看所出的成品（图3-31）。

这个调点的步骤一定要耐心去调整。

任务三：底部支撑杆制作

接着做沙发的底部支撑杆，新建一个圆柱，然后把旋转的分段改成8（图3-32），先把柱体转化为可编辑对象。然后选择所有的点，右击找到优化命令，接着调整柱体的外貌。选择顶部跟底部，缩放为想要的比例大小即可（图3-33），然后按住Ctrl+L键，分别选择柱体的顶部和底部的循环线，接着右击找到倒角，把倒角的模式改成实体（图3-34），设置好偏移值，点击应用，打开倒角，这样座椅支撑就出来了。

最后一步就是把相对应的模型位置摆放好即可（图3-35）。

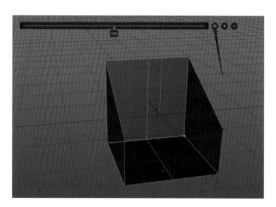

图3-15

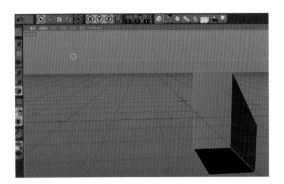

图3-16

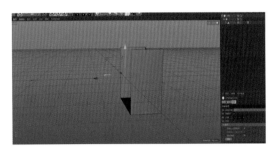

图3-17

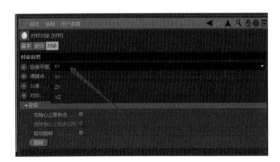

图3-18

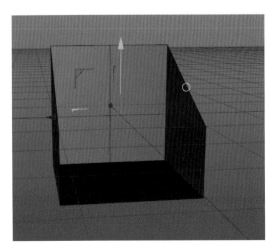

图3-19

图3-20

图3-21

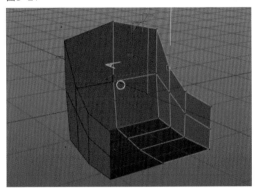

图3-22

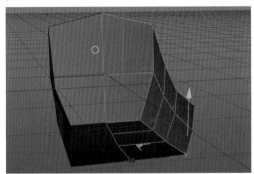

图3-23

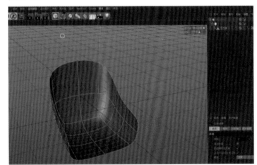

图3-24

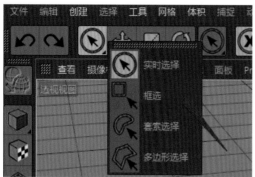

图3-25

图3-26

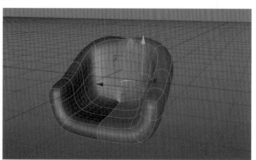

图3-27

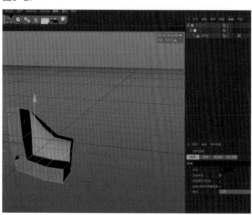

图3-28

图3-29

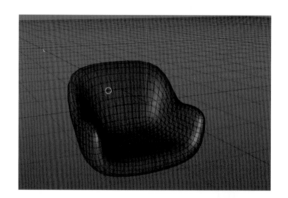

图3-30

图3-31

图3-32

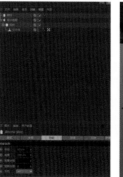

图3-33

图3-34

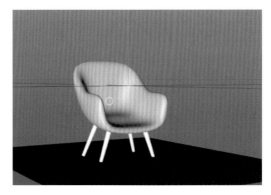

图3-35

六、课后小结

本模块详细介绍了沙发模型的制作，再通过矩形减面，找到沙发的基础造型，特别是对于对称效果器和加线的深入讲解。通过本模块的学习，学生基本了解建模原理。

七、资源拓展

Adobe After Effects（图3-36），简称为AE，是Adobe公司推出的一款图形视频处理软件（图3-37），适用于从事设计和视频特技

的机构，包括电视台、动画制作公司、个人后期制作工作室以及多媒体工作室。属于层类型后期软件，搭配着C4D能够产生很好的制作效果，并且C4D也有AE的外部合成插件。可以说C4D跟AE是不可分离的。

八、课后作业

1. 在使用对称工具操作时注意事项有哪些？

2. 利用基础建模方法制作办公沙发的座椅，要求造型准确、特征明显（图3-38）。

图3-36

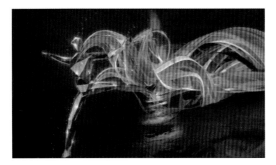

图3-37

图3-38

模块四

紫砂壶建模

MODULE FOUR
DARK–RED ENAMELED
POTTERY MODELING

授课建议 ///

建议4课时（理论2课时，实践2课时）。

课前准备 ///

1. 了解多边形基本体建模的原理和相关知识。

2. 了解生活中小物件的制作流程。

3. 了解C4D多边形基本体建模的方法。

技能点 ///

1. 本模块主要熟悉建模工具的使用，以及分析参考的大概造型。

2. 通过不断拆分模型去分层建模，将模型分成几部分，分别为把手、壶身、壶盖、壶嘴四部分。

3. 需要构思连接模型的平滑处，如何去布线，以及表面圆润等特征。

模块四　紫砂壶建模

一、授课建议

建议4课时（理论2课时，实践2课时）。

二、课前准备

1. 了解多边形基本体建模的原理和相关知识。

2. 了解生活中小物件的制作流程。

3. 了解C4D多边形基本体建模的方法。

三、技能点

1. 本模块主要熟悉建模工具的使用，以及分析参考的大概造型。

2. 通过不断拆分模型去分层建模，将模型分成几部分，分别为把手、壶身、壶盖、壶嘴四部分。

3. 需要构思连接模型的平滑处，如何去布线，以及表面圆润等特征。

四、素养点

1. 紫砂壶，是中华民族传统的时代特色，能大幅度表达工匠之精神，体现我国的大国工匠精神。

2. 之所以挑选紫砂壶为案例讲解，一是能学习到整体连接处光滑如何处理；二是能潜意识学习工匠精神，在建模时体验到工匠是如何精细地制作物品的。

3. 家具建模在市场上也是非常常见的，一个产品的出现都是通过层层的选拔，最后才能出现在市场上，那么这一层层的选拔就是在磨炼每一个建模师。

五、主体内容

任务一：紫砂壶参考图设置

打开C4D，新建项目，找到参考图片，点击鼠标中键，将图片放入正视图，按住Alt＋V调整图片的位置为坐标轴中心（图4-1）。

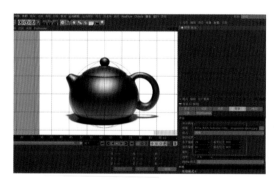

图4-1

任务二：壶身制作

新建球体，调整球体的分段为12，转换为可编辑对象，切换点模式和框选工具调整球体位置和大小（图4-2），添加细分（图4-3）。

关闭细分找到壶嘴位置，选择侧面四个面，右击找到内部挤压，设置偏移值点击应用（注意：在选择内部挤压后，不要选择任何轴向，在工作区上下拖动，这样能更好地控制偏移大小）（图4-4）。

切换点模式，右击找到滑动工具，将点滑动为正八边形（图4-5），选择八边面，右击找到挤压。不断通过缩放工具（快捷键T）挤压（快捷键D），控制造型（注意：在选择挤压后，不要选择任何轴向，在工作区上下拖动，这样能更好地控制偏移大小）。

任务三：壶嘴和壶把手制作

删除挤压面（图4-6），根据参考需求调整造型（图4-7）。同等方法找到把手位置（图4-8），切换点模式，通过滑动工具调整为正八边形（图4-9），选择上面的八边形，右击找到挤压，调整面大小（图4-10），搭配挤压通过移动旋转工具，调整把手大概造型（图4-11）。删除把手连接处的面，调整把手粗度（图4-12），将把手连接面删除（图4-13），切换线模式。找到多边形画笔工具（快捷键M+E），按住Ctrl拖动需黏合的边（图4-14），将每个相对应的线连接（图4-15）。

任务四：壶盖制作

找到球体顶部，找出大概盖子的位置（图4-16），右击找到分裂，将刚刚选择的面删除。给分裂出来的面命名为盖子（图4-17），给盖子添加细分，右击找到循环切割，加线找

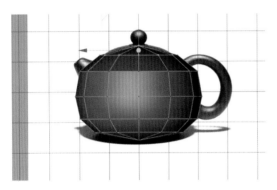

图4-2

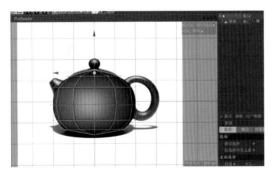

图4-3

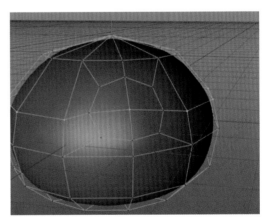

图4-5

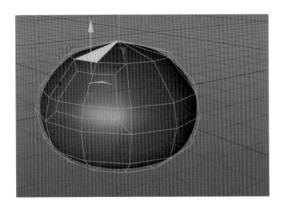

图4-4

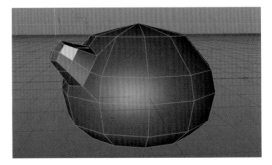

图4-6

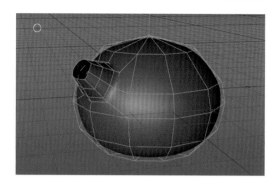

图4-7

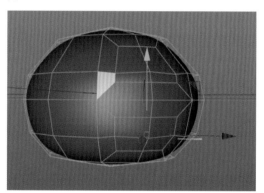

图4-8

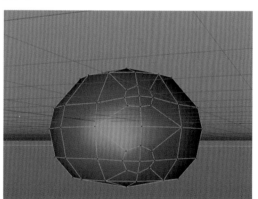

图4-9

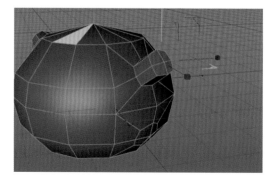

图4-10

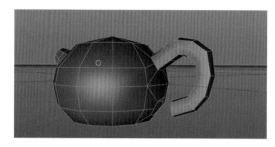

图4-11

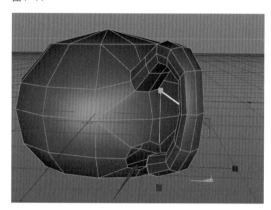

图4-12

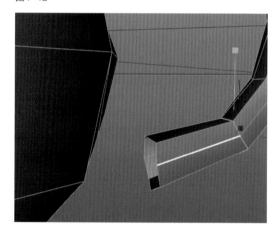

图4-13

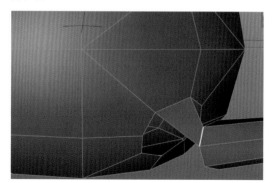

图4-14

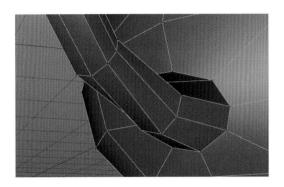

图4-15

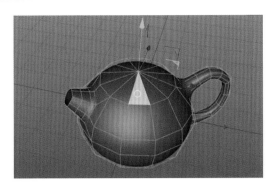

图4-16

图4-17

到把手部分（图4-18），切换面模式，循环选择面（快捷键UL），点击将循环面挤压出来（图4-19）。调整删除顶面，新建球体，设置分段为12，将球体底部连接面删除（图4-20），加选盖子和球体右击找到删除加连接，继续通过多边形画笔工具连接面（注意：连接面时一定要在一个模型里操作，可以把我们需要连接的模型通过删除加连接去合并模型）（图4-21）。

通过挤压命令给模型添加厚度（图4-22、图4-23）。

任务五：模型卡线调整

最后通过倒角边缘卡线来给模型定型，右击找到倒角切换为实体模式，给模型边缘加线（注意：需要选择所有的面，通过挤压命令时一定要勾选封顶，不然模型是镂空的）（图4-24～图4-27）。

模型制作完成（图4-28）。

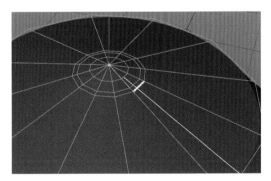

图4-18

六、资源推荐

Adobe Photoshop（图4-29）简称"PS"，是由Adobe Systems开发和发行的图像处理软件（图4-30）。

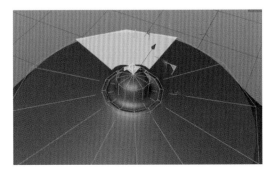

图4-19

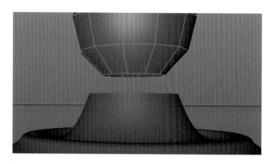

图4-20

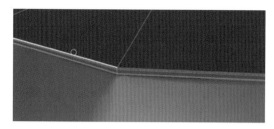

图4-24

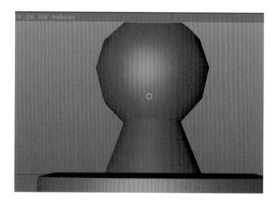

图4-21

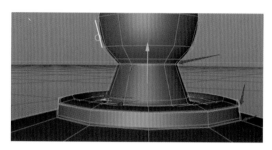

图4-25

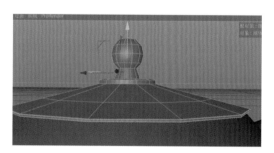

图4-22

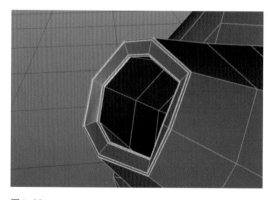

图4-26

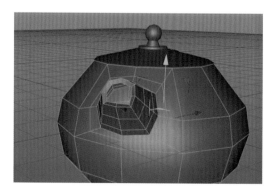

图4-23

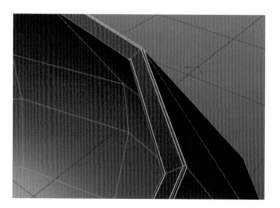

图4-27

图4-28

Photoshop主要处理以像素所构成的数字图像。使用其众多的编修与绘图工具，可以有效地进行图片编辑和创造工作。PS有很多功能，在图像、图形、文字、视频、出版等各方面都有涉及。C4D输出的场景图都是要经过后期处理的，那么PS就是首选。

图4-29

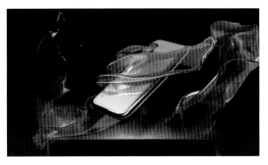

图4-30

七、课后小结

本模块通过紫砂壶模型的制作演示，详细介绍了多边形基本体的编辑、建模原理。

八、课后作业

1. 多边形基本体编辑中挤出工具的操作注意事项有哪些？

2. 利用多边形建模方法制作一个紫砂壶模型，要求模型造型准确、特征突出（图4-31）。

图4-31

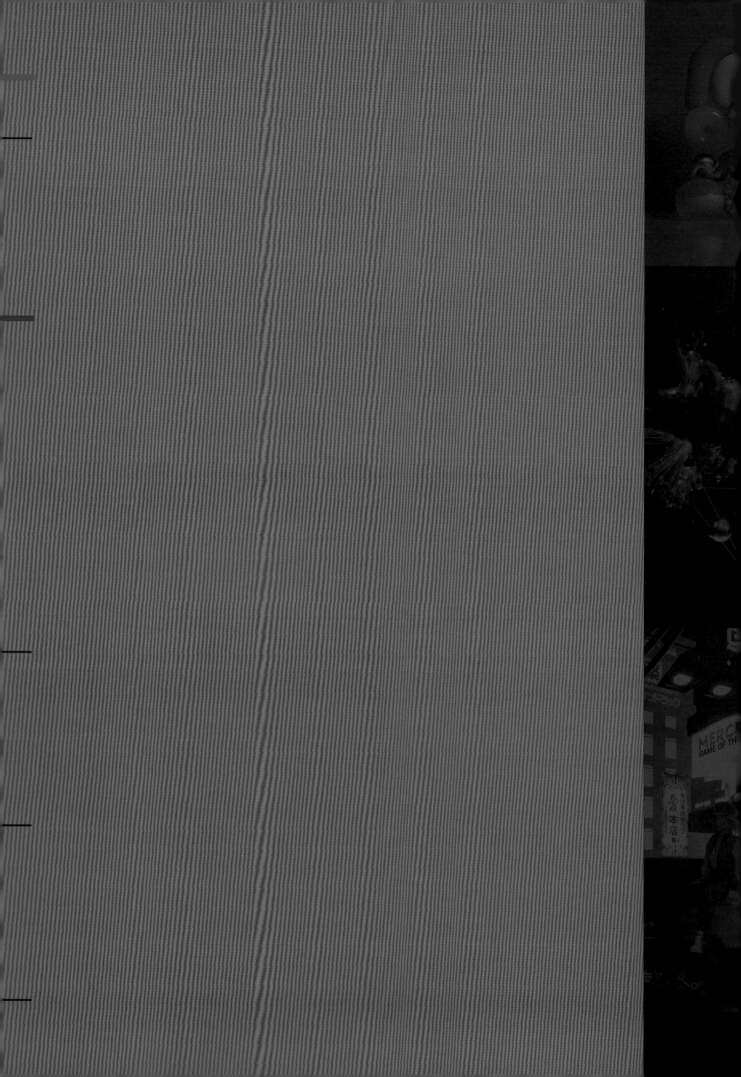

模块五

中国灯笼建模

MODULE FIVE
CHINESE LANTERN
MODELING

授课建议 ///

建议4课时（理论2课时，实践2课时）。

课前准备 ///

1. 了解基础建模的相关理论知识与效果器的操作方法。

2. 进一步学习效果器之间的搭配及如何使用。

3. 熟练掌握物体位置属性的基本操作。

技能点 ///

1. 掌握网格中提取样条工具，节省自身勾线的时间。利用克隆效果器不断给模型增加内容。

2. 同时利用扫描效果器，通过样条建立出管道长条类模型；明白建模的含义，在一些遮挡处，只要肉眼无法辨别，我们就可称为一个完整的模型架构。但是对于一些布线结构处较强的模型，此技法有缺陷之处。

模块五 中国灯笼建模

一、授课建议

建议4课时（理论2课时，实践2课时）。

二、课前准备

1. 了解基础建模的相关理论知识与效果器的操作方法。

2. 进一步学习效果器之间的搭配及如何使用。

3. 熟练掌握物体位置属性的基本操作。

三、技能点

1. 掌握网格中提取样条工具，节省自身勾线的时间。利用克隆效果器不断给模型增加内容。

2. 同时利用扫描效果器，通过样条建立出管道长条类模型。明白建模的含义，在一些遮挡处，只要肉眼无法辨别，我们就可称为一个完整的模型架构。但是对于一些布线结构处较强的模型，此技法有缺陷之处。

四、素养点

1. 中国灯笼又统称为灯彩，是一种古老的汉族传统工艺品。起源于2000多年前的西汉时期，每年的正月十五元宵节前后，人们都挂起象征团圆的红灯笼，营造一种喜庆的氛围。

2. 本模块选取中国灯笼，一是宣传我国传统文化，二是在于中国灯笼模型结构的特殊性，需要我们去拆分建模，可搭配效果器建模。通过不同方法的练习，能不断提高对于建模的理解，这样在建模时选对方法也是非常重要的。

五、主体内容

任务一：中国灯笼参考图设置

打开C4D新建项目，按住鼠标中键，将参考图拖进正视图当中（图5-1）。

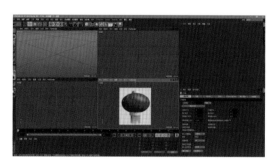

图5-1

任务二：灯框制作

新建球体，调整分段为16。在正视图中，调整球体和参考图的大小吻合（图5-2）。把球体转化为可编辑对象，切换缩放工具，将球体压扁，跟参考图基本吻合（图5-3）。给球体添加细分曲面，继续调整大小，现在球体大小和参考图基本要到达99%的精确度（图5-4）。

任务三：灯骨架制作

切换线模式，调整为透视视图，关闭细分曲面，右击找到循环选择工具，选择球体竖向一圈线（图5-5），在上边栏中找到网格，点击命令，找到提取样条命令（图5-6）。点击球体的子级（图5-7）会出现一个样条。将样条拖出子级（图5-8），新建矩形样条，调整宽度为11，高度为11。同时选择两个样条，按住Alt和Ctrl键，找到扫描效果器（注意：扫描效果器中的两个样条，一个是控制模型半径厚度，另一个是控制模型路径。控制半径的样条永远要在路径之上，不然会破坏模型结构）（图5-9），这样就把样条转化为模型了（图5-10）。在上边栏中点击运动图形，找到克隆效果器，将扫描拖进克隆的子级。找到克隆中的对象，调整模式为放射（图5-11）。调整数量为16，平面的方向为XZ，半径为0cm（图5-12、图5-13）。

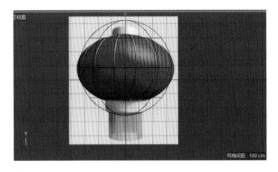

图5-2

图5-3

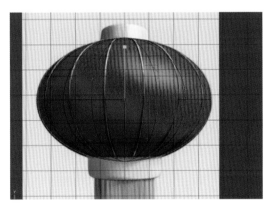

图5-4

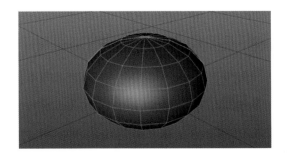

图5-5

图5-6

图5-7

图5-8

图5-9

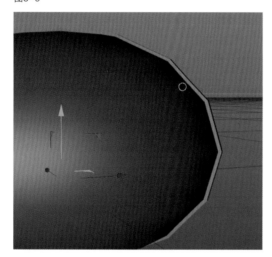

图5-10

图5-11

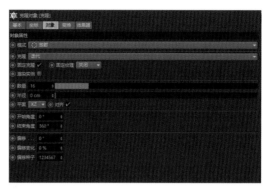

图5-12

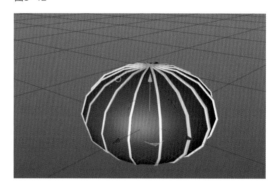

图5-13

任务四：灯框造型调整

新建圆柱，切换正视图。调整旋转分段为16，转化为可编辑对象，将比例调整为想要的状态（图5-14），复制一份圆柱。命名两个圆柱为顶部和底部，将底部调整比例位置（图5-15）。分别给底部和顶部添加细分。选择底部和顶部所有的点，右击找到优化（图5-16）。切换线模式，右击找到循环选择，选择顶部上下圈线。右击找到倒角，切换模式为实体，调整偏移值，点击应用（图5-17），同理底部同等操作，将上下面倒角添线。

添加圆柱，调整半径大小为合适（图5-18）。切换正视图，调整圆柱比例大小（图5-19）。在运动图形中添加克隆效果器，调整模式为放射，平面为XZ，半径为126cm，数量为200（图5-20）。

最后处理龙骨部分，给克隆添加细分曲面。点击扫描，转换为可编辑对象，切换点模式，选择所有的点，右击找到优化。将克隆和细分曲面都关闭（图5-21），按UL键，循环选择龙骨表面（图5-22），右击找到倒角，切换实体模式，设置偏移值，点击应用（图5-23）。

将细分和克隆打开（图5-24），这样灯笼就做出来了。

六、资源推荐

MagicCenter 轴心居中：可快速地将对象坐标轴归在模型中心。

Drop To Floor 对齐地面：可快速将对象和地面对齐，中间无缝隙。

Forester 植被插件：可快速地生成植物，包含草、花以及树，并且植物内的细节参数都能调整。

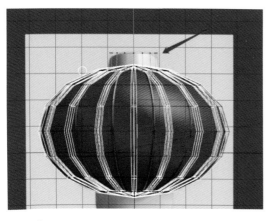

图5-14

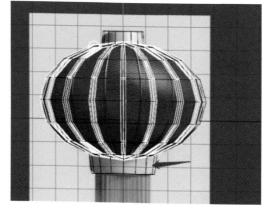

图5-15

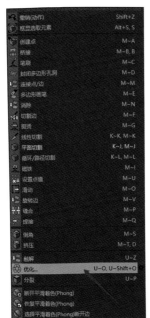

图5-16

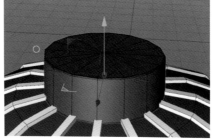

图5-17

图5-18

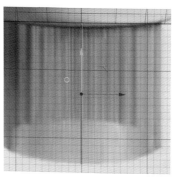

图5-19

图5-20

图5-21

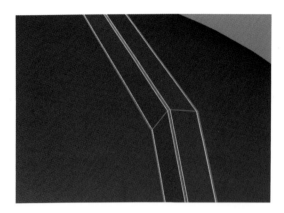

图5-23

图5-22

图5-24

七、课后小结

1. 熟练掌握克隆工具的使用以及各种参数的调节。

2. 学会分析模型的结构，拆分后分别进行建模。

3. 学会提取样条工具，快速提高建模效率。

八、课后作业

1. 如何在模型中提取需要的样条？

2. 以中国灯笼为原型制作模型，弘扬我国传统文化，要求造型准确、特征明显（图5-25）。

图5-25

模块六

汽油瓶建模

MODULE SIX
CASOLINE BOTTLE
MODELING

授课建议 ///

建议4课时（理论2课时，实践2课时）。

课前准备 ///

1. 了解多边形建模的相关理论知识和基础操作。

2. 在基础建模的基础上进一步加深建模思路。

3. 熟练掌握各种多边形建模工具的使用。

技能点 ///

1. 掌握对称工具的使用，以及各种建模工具的操作。

2. 掌握在弧度面中如何进行挖洞布线。

3. 掌握结构边缘卡线技法。

4. 掌握点倒角，通过设置深度和细分，进行挖洞处理。

模块六　汽油瓶建模

一、授课建议

建议4课时（理论2课时，实践2课时）。

二、课前准备

1. 了解多边形建模的相关理论知识和基础操作。

2. 在基础建模的基础上进一步加深建模思路。

3. 熟练掌握各种多边形建模工具的使用。

三、技能点

1. 掌握对称工具的使用，以及各种建模工具的操作。

2. 掌握在弧度面中如何进行挖洞布线。

3. 掌握结构边缘卡线技法。

4. 掌握点倒角，通过设置深度和细分，进行挖洞处理。

四、素养点

1. 多边形建模在市场中是最常见的建模方法，不管是产品级建模还是工业建模，都离不开多边形建模。

2. C4D中边缘的布线特别重要，每一个3D软件都有自身不同的计算法则，在C4D中的细分对于边缘布线很有要求，因此也是建模中最难的一点，即处理结构边缘线。

五、主体内容

任务一：参考图设置

首先需要与产品的原图进行参考对比（图6-1）。

图6-1

打开C4D点击鼠标中键，将图片拖进正视图面板（图6-2），同时按住Alt＋V找到背景，点击视图，将透明提升到42%（图6-3），建立一个平面，将平面高度和宽度分段改成1（图6-4），将平面转化为可编辑对象。将平面沿着Y轴方向旋转90°（图6-5），用鼠标中键点击正视图放大（图6-6），缩小平面移动至左上角（图6-7）。

任务二：瓶身制作

切换面模式，右击找到多边形画笔工具（图6-8），设置多边形画笔绘制模式为面（图6-9），按住Ctrl拖动平面边（图6-10）（注意：多边形画笔拖动时接近边会有吸附效果，千万不要在制作正面时出现多面多线的情况），反复这样操作将整个正面大致制作出来（图6-11）。

右击找到循环切割（快捷键KL），接着

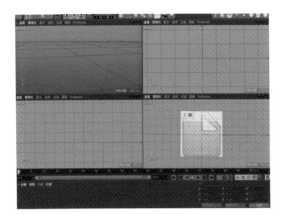

图6-2

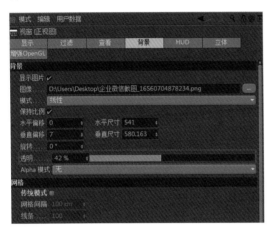

图6-3

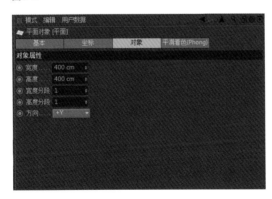

图6-4

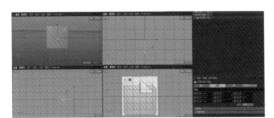

图6-5

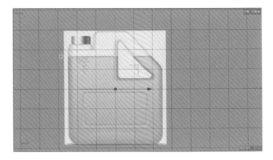

图6-6

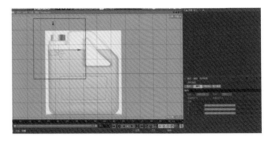

图6-7

图6-8

图6-9

在需要加分段的地方添加线条（图6-12），继续通过多边形画笔添加面（注意：通过多边形画笔加面，利用循环切割加线分段，反复利用）（图6-13）。

接着处理拐角处布线（注意：转折处一个点是无法支撑的，因此需要添加线）（图6-14），通过删除点和线，将造型进行调整（图6-15）。

切换为透视视图，切换面模式，切换所有的面，右击找到挤压（快捷键D），勾选挤压里的创建封顶（图6-16）。调整挤压的厚度为适当（图6-17），按住Ctrl＋Alt，给模型添加细分曲面（图6-18）。

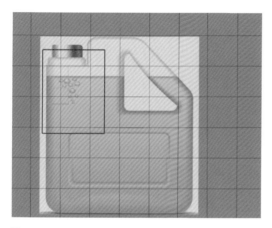

图6-10

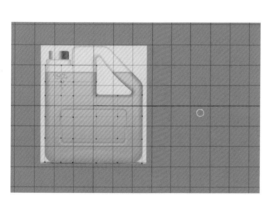

图6-11

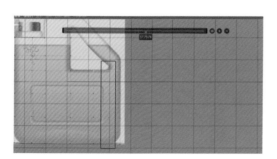

图6-12

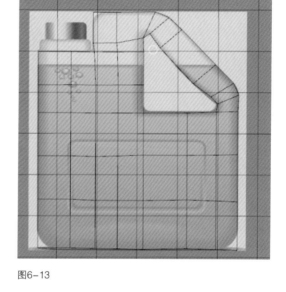

图6-13

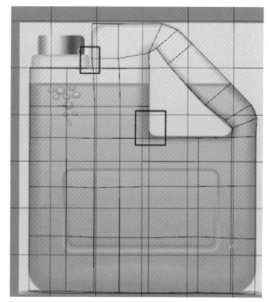

图6-14

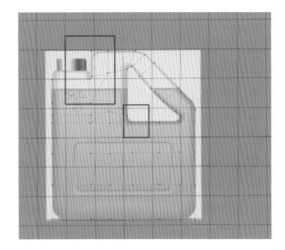

图6-15

图6-16

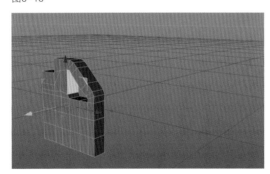

图6-17

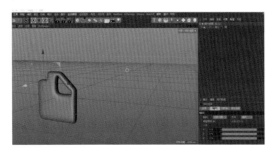

图6-18

任务三：瓶盖制作

接着制作瓶盖部分，关闭细分曲面效果（快捷键Q），右击找到循环切割工具，在模型中部切一刀（图6-19），继续在盖子区域找到中心点加线（图6-20），这样就找到瓶盖中心。

然后切换为点模式，选择中心点，右击找到倒角，设置深度为−100%，细分为1（图6-21），拖动鼠标调整瓶盖大小（图6-22）。

切换面模式，选择倒角出来的面，按住Ctrl，向上挤压（图6-23），右击找到内部挤压（快捷键I），控制距离，继续按住Ctrl向上挤压（图6-24）。

放大瓶盖视角（图6-25），发现出现五边面。

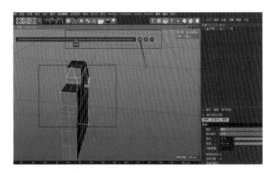

图6-19

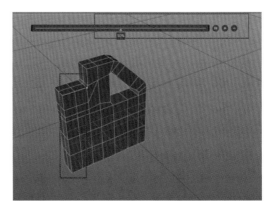

图6-20

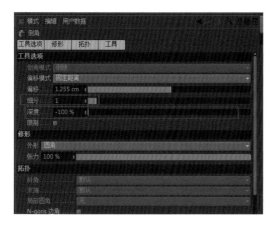

图6-21

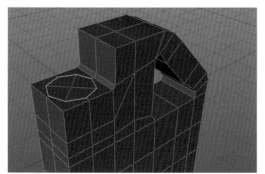

图6-22

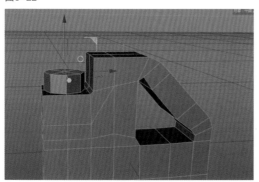

图6-23

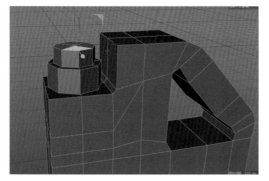

图6-24

图6-25

任务四：卡线处理

右击找到线性切割（快捷键KK），连接线条（图6-26），切换线模式，按住UL，循环选择盖子底部和边缘（图6-27），右击找到倒角，设置倒角模式为实体，拖动鼠标（图6-28），打开细分（图6-29），切换线模式，UL循环选择调整需柔化的边。

打开细分，观察整体的造型（图6-30），切换到正视图，仔细观看参考会发现还有凹陷（图6-31），关闭细分，按住KL，找到对应位置进行加线（图6-32）。切换面模式选择需要凹陷区域的面（图6-33），右击找到内部挤压，调整合适大小（图6-34），按住UL，选择需凹陷部分（图6-35）。按住Ctrl向内部拖动少许距离，打开细分（图6-36）。

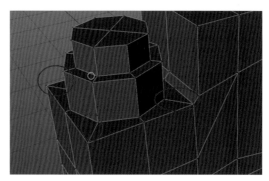

图6-26

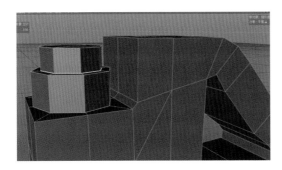

图6-27

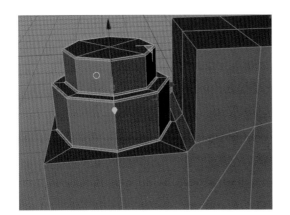

图6-28

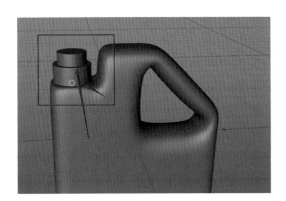

图6-29

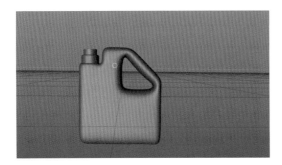

图6-30

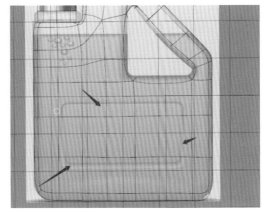

图6-31

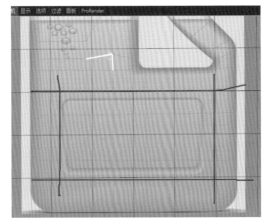

图6-32

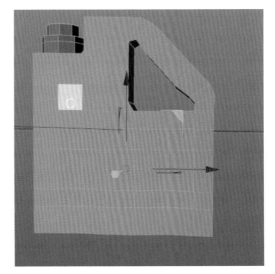

图6-33

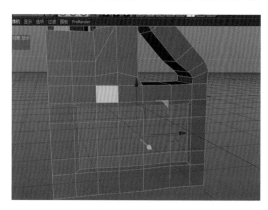

图6-34

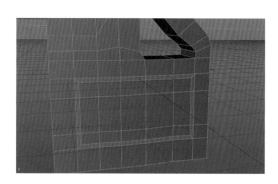

图6-35

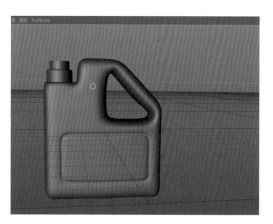

图6-36

六、课后小结

1.本模块通过汽油瓶的制作演示,了解多边形基本建模原理。

2.分析模型的基本结构,利用不同技法制作相应效果。

七、资源推荐

模型资源下载:

1. Free 3D内部都是免费的,并且包含很多三维软件格式,种类多。

2. Sketchfab需要登录注册,可预览模型且能360°观看模型细节。

3. Three Ds cans是由oliver laric发起的联合众多欧洲博物馆对雕塑作品进行三维扫描的网站,该网站模型都是高质量、高精度素材,几乎还原实物的所有细节,界面简洁。

八、课后作业

1.倒角挖洞需要调节什么参数?

2.利用多边形建模制作一个汽油瓶,要求模型造型准确、特征突出(图6-37)。

图6-37

模块七
材质（一）

MODULE SEVEN
THE MATERIAL(ONE)

授课建议 ///
建议3课时（理论2课时，实践1课时）。

课前准备 ///
1. 了解材质命令如何启动，以及如何上材质。
2. 了解各种材质通道如何启动。
3. 了解材质的基本含义，以及渲染三要素。

技能点 ///
1. 材质是渲染的基础，材质的调节能大大提升图片的
质感，更能还原物体的真实感。通过不断调节材质每
个通道的参数，一步步地堆积材质的质量。
2. 贴图的认识（贴图就是表面的纹理，比如砖板块、
大理石等这些都是通过贴图去实现，每一个材质通道
对于材质的影响都是独特的）。
3. 了解漫射材质和反射材质的渲染通道。

模块七　材质（一）

一、授课建议

建议3课时（理论2课时，实践1课时）。

二、课前准备

1. 了解材质命令如何启动，以及如何上材质。

2. 了解各种材质通道如何启动。

3. 了解材质的基本含义，以及渲染三要素。

三、技能点

1. 材质是渲染的基础，材质的调节能大大提升图片的质感，更能还原物体的真实感。通过不断调节材质每个通道的参数，一步步地堆积材质的质量。

2. 贴图的认识（贴图就是表面的纹理，比如砖板块、大理石等这些都是通过贴图去实现，每一个材质通道对于材质的影响都是独特的）。

3. 了解漫射材质和反射材质的渲染通道。

四、素养点

1. 制作材质时，通常都会通过贴图去辅助，不管是纹理、凹凸还是法线，都是给模型添加细节。

2. 在工作岗位上是分为建模师和渲染师的，这些是流程。所以可以专攻一个模块，但是不能只追求一部分而丢弃另一部分。每一个渲染师和建模师都是通过全流程的练习才会练就高超技术。

五、主体内容

任务一：认识材质区

材质栏包含颜色、漫射、发光、透明、反射、环境、烟雾、凹凸、法线、Alpha、辉光、置换通道。颜色通道主要调节基础材质颜色，重点看纹理层（图7-1），可在纹理层中添加图片（图7-2）；漫射通道为材质添加细小凹凸不平的表面，添加真实感，在纹理层中添加图片时无法采取图片颜色（图7-3）；发光通道勾选即可为材质添加光源（图7-4）；透明通道勾选可为材质添加折射率，使材质更加通透（图7-5）；反射通道（图7-6），为材质添加质感和光泽度；环境通道（图7-7），使周围环境对材质有所影响；烟雾通道（图7-8），调整烟雾材质时可勾选；凹凸、法线、置换都是给材质添加不规则平面的（图7-9）；辉光为表面添加过渡光（图7-10）。

任务二：制作漫射材质

漫射材质主要体现在表面纹理，没有反射面和折射面。如生活中较常见的墙面、纸张、岩石等。通常漫射材质的主要通道为颜色、漫射等（图7-11），当材质有不规则表面时需勾选凹凸、法线、置换通道（图7-12）。

点击颜色通道，将图片添加到纹理层中

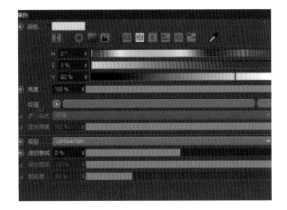

图7-1

图7-2

图7-3

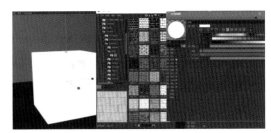

图7-4

图7-5

图7-6

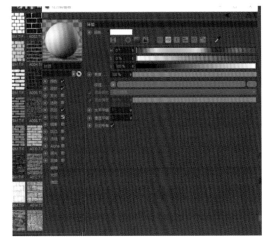

图7-7

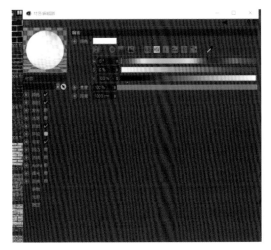

图7-8

图7-9

（图7-13），在凹凸通道中，将黑白纹理图拖入（图7-14），点击法线通道将法线贴图拖入（图7-15），这样漫射材质就出来了（图7-16）（注意：蓝紫色图片为法线贴图，黑白图为凹凸贴图，表面有明显凹凸感都可被选择为凹凸和置换贴图）。

任务三：制作反射材质

反射材质—勾选反射通道即可调节基础反射材质，点击添加栏（图7-17），找到GGX（图7-18），分别调整粗糙度、反射强度、高

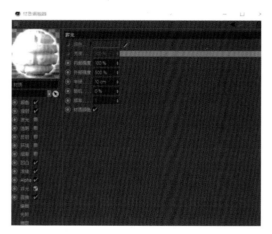

图7-10

图7-11

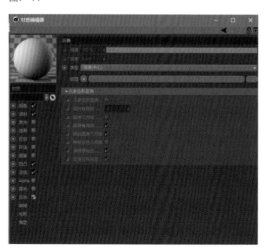

图7-12

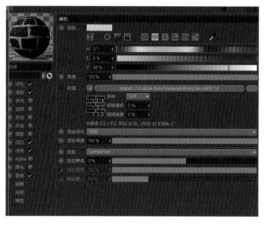

图7-13

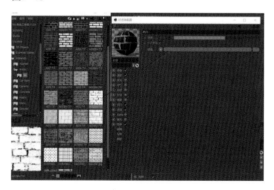

图7-14

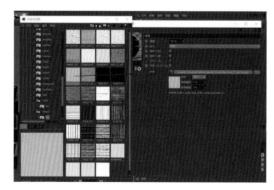

图7-15

光强度（图7-19），点击层颜色，设置颜色为金黄色（图7-20），添加凹凸通道，将贴图拖进纹理层中（图7-21），调整强度为3。这样金属材质就调节完了（图7-22）。

染师，都有属于自己的贴图库。

2. 在生活中往往都是跟材质打交道，渲染也是需要通过生活的经验去制作。比如菲涅尔、丁达尔效应等，这些往往都需要看过、感受过，才好去模拟效果。

3. 往往特殊效果也是人们不断去发掘出来的，在自己经历过这些环境时，大脑潜意识也就去记住画面。

六、渲染心得

1. 渲染对于贴图的需求极大，出色的渲

图7-16

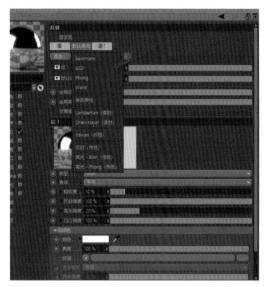

图7-18

图7-17

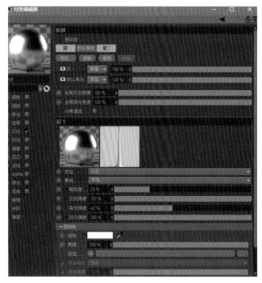

图7-19

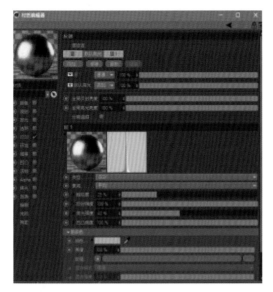

图7-20

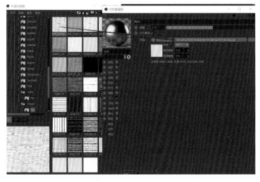

图7-21

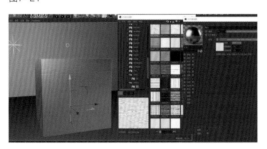

图7-22

七、资源推荐

1. 花瓣是图片素材网站，用户可以将预览的一切信息都保存下来，上手简单，通过对多种图片的鉴赏，提升自身的审美。

2. 站酷网图片加视频素材，站酷网一直致力于促进设计师之间的交流与互励，并致力于将创意作品进行更广泛的传播与推介，提高中国原创设计的影响力。同时，站酷网还为设计师与企业搭建互相促进的桥梁，帮助优秀企业与优秀设计人才更好对接。

八、课后作业

准备好贴图，制作一个墙面，要求表面有凹凸感，造型准确。

模块八

材质（二）

MODULE EIGHT
THE MATERIAL(TWO)

授课建议 ///

建议3课时（理论2课时，实践1课时）。

课前准备 ///

1. 了解各个材质的属性和功能。

2. 熟悉环境对于材质的影响。

3. 备好所需要的贴图，贴图在网络可找到。

技能点 ///

1. 本模块需掌握透明通道的调节，以及环境的调节。

透明材质在没有环境的状态下是看不出明显效果的，

掌握好折射率的数值，每个带有折射率的材质，都是

有着属于自己的折射率。

2. 了解发光通道和其他通道的简单混合，通过不断的

材质叠加，成就质感光泽好的材质。

模块八　材质（二）

一、授课建议

建议3课时（理论2课时，实践1课时）。

二、课前准备

1. 了解各个材质的属性和功能。

2. 熟悉环境对于材质的影响。

3. 备好所需要的贴图，贴图在网络可找到。

三、技能点

1. 本模块需掌握透明通道的调节，以及环境的调节。透明材质在没有环境的状态下是看不出明显效果的，掌握好折射率的数值，每个带有折射率的材质，都有属于自己的折射率。

2. 了解发光通道和其他通道的简单混合，通过不断的材质叠加，成就质感光泽好的材质。

四、素养点

1. 在渲染中这两种材质是非常重要的，表现光泽感和细节纹理很出色。

2. 在电商这个领域中经常会出现这两种材质，特别是水面和玻璃混合。一个好的材质表现不仅是通过调整材质，还离不开环境和灯光的相互呼应。

五、主体内容

任务一：熟悉折射率

透明材质，表面能透光，在反射材质的基础上需要多勾选透明通道，有独特参数折射率。每一个透明材质的折射率不同（图8-1），如玻璃1.517（图8-2）、水1.333（图8-3）、钻石2.417（图8-4）等。

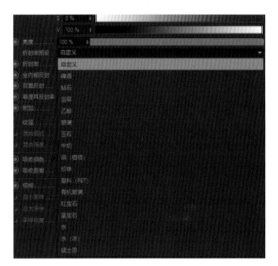

图8-1

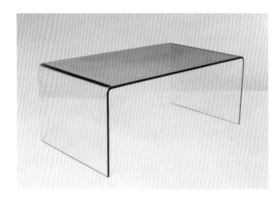

图8-2

图8-3

图8-4

任务二：制作反射材质

透明材质—新建项目，建立球体，在球形的基础上在内部继续建立一个球体（图8-5）（这样的操作能更加直观地看到效果，并且能看到材质与材质之间的关系）。双击材质栏建立材质（图8-6），双击材质球将颜色、漫射、透明等通道打开（图8-7），点击透明通道，找到折射率通道参数。将折射率预设切换为玻璃（图8-8），在颜色参数里将颜色调整为蓝色（图8-9），将材质拖进大球体中。

点击上方的渲染设置（图8-10），找到效果按钮，点击添加环境吸收和全局光照（图

8-11）。

点击全局光照找到二次反弹算法，在下边栏中找到辐射贴图（图8-12）。

接着在C4D上边工具栏中找到灯光工具（图8-13），将灯光放到球体的右上方（图8-14），在灯光的常规栏参数中，投影切换为区域，灯光的类型切换为区域灯（图8-15、图8-16）。

再新建一个球体，包裹住整个场景（图8-17）（注意：这样能为透明材质的表面添加细节内容，并且能为整个场景添加基础环境，这也是搭建渲染环境的基本步骤）。新建材质球，将一张室外环境的图片拖进纹理层（图8-18），将材质球拖入最大的球体，放大视角找到场景内的球体（图8-19），新建材质导入最小球体（图8-20），点击上方的实时渲染工具（图8-21）。

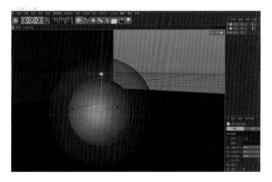

图8-5

图8-6

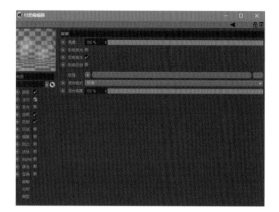

图8-7

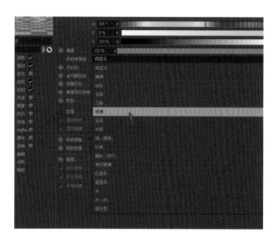

图8-8

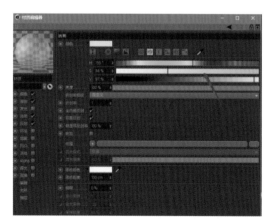

图8-9

图8-10

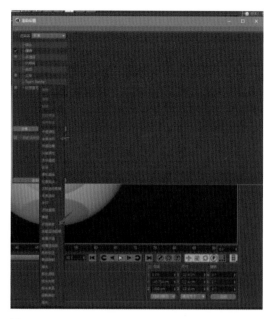

图8-11

图8-12

图8-13

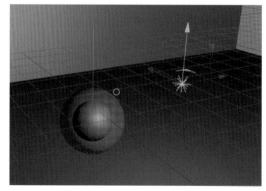

图8-14

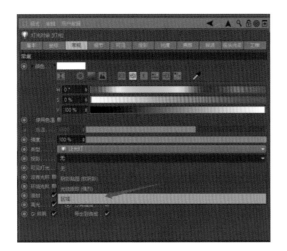

图8-15

图8-16

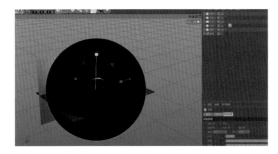

图8-17

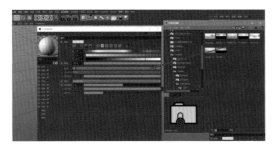

图8-18

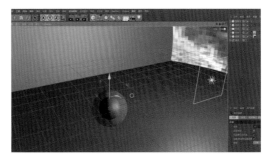

图8-19

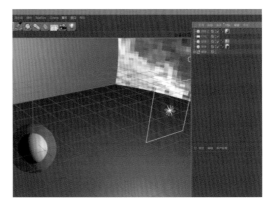

图8-20

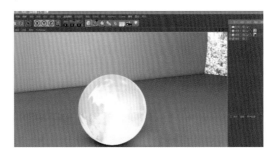

图8-21

任务三：制作混合材质

混合材质主要是多个材质进行结合，如表面有漫射材质，内部是透明反射材质。

在刚才的环境基础上新建材质，将玻璃材质删除。双击新建材质勾选颜色、漫射、发光、反射、辉光、Alpha等通道（图8-22），将灯光效果取消（图8-23），双击发光材质，点击发光通道。设置颜色为蓝色（图8-24），点击辉光通道，设置外部强度为300％，半径为8（图8-25）。

然后点击Alpha通道点击纹理层，找到噪波（图8-26）。

进入噪波层，调整全局缩放为200%（图8-27），退出材质编辑器，点击上方渲染（图8-28），这样一个混合的发光材质就完成了（图8-29）。

图8-22

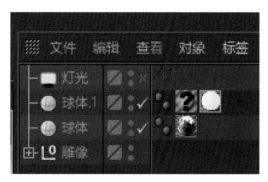

图8-23

图8-24

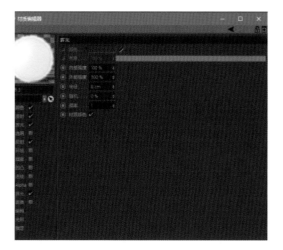

图8-25

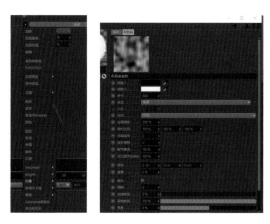

图8-26　　　　图8-27

图8-28

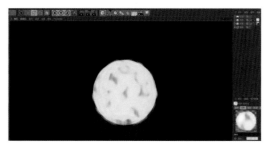

图8-29

六、资源推荐

cgbookcase.com，该网站专属于贴图的制作，不管是岩石陆地，还是树木，种类繁多，质量都是4k以上贴图。最重要的还是里面全部都是免费下载。

七、渲染心得

1. 在众多材质中透明和混合材质是最能表现细节的，往往一个渲染作品，最能打动人的也是一些质感和细节极强的材质。

2. 对于渲染不是单方面地去调整材质，不管是渲染设置、灯光、摄像机等，都是反反复复去调整参数，直至这些因素完美融合。

八、课后作业

利用调节玻璃的方法调整一个水晶球的材质，要求环境合适、有光泽感。

标对象调节，特别是要注意景深效果的调节。

模块九
摄像机

MODULE NINE
THE CAMERA

授课建议 ///
建议2课时（理论1课时，实践1课时）。

课前准备 ///
1. 了解摄像机如何启动，以及各项基本参数。

2. 了解标签的含义，以及标签的功能。

3. 了解摄像机的作用和含义。

技能点 ///
1. 本模块需掌握摄像机重点参数，以及摄像机配合目
标对象调节，特别是要注意景深效果的调节。

2. 掌握目标标签的搭配和摄像机的搭配，能够更好地
去调节摄像机。掌握好摄像机的焦距参照。

模块九　摄像机

一、授课建议

建议2课时（理论1课时，实践1课时）。

二、课前准备

1. 了解摄像机如何启动，以及各项基本参数。

2. 了解标签的含义以及标签的功能。

3. 了解摄像机的作用和含义。

三、技能点

1. 本模块需掌握摄像机重点参数，以及摄像机配合目标对象调节，特别是要注意景深效果的调节。

2. 掌握目标标签的搭配和摄像机的搭配，能够更好地去调节摄像机。掌握好摄像机的焦距参照。

四、素养点

1. 摄像机在我们制作当中是不可缺少的，决定了构图的范围和大小，在制作动画的过程中会体现得更加突出，一个好的摄像机运动，往往比一些炫酷的动画效果更加亮眼。

2. 在三维软件中的摄像机会跟我们现实中很相似，一个好的图片和动画都是要通过摄像机拍摄才成片的，对摄像机的掌握必不可少。

五、主体内容

任务一：摄像机基本参数熟知

1. 在C4D中，摄像机的用途就是给场景进行构图，限制场景的范围。在制作动画中运动都是相对的，不一定是物体在运动，有时摄像机运动更能抓住眼球。摄像机的参数分为对象、物理、细节、立体、合成、球面（图9-1）。

调整参数时大部分默认即可。点击对象（图9-2），投射方式默认为透视视图，焦距越大视野范围越小，同时也是决定场景构图的关键。传感器的尺寸默认为36毫米，视野范围和视野（垂直）、焦距是直接关系，焦距能影响它们，它们也能影响焦距的大小。目标距离一般用来调整景深、聚焦场景（图9-3）。

焦距为137，默认的目标距离为2000，要如何去聚焦立方体，调整目标距离参数为650（图9-4），这样即可聚焦立方体。

2. 物理（图9-5）

光圈的大小：光圈越大景深效果越强。勾选曝光，那么场景光的大小效果会变强。当使用暗角时，摄像机的边缘就会有黑边的过渡效果。在物理栏中大部分的参数按需求去调整，无须特意调整。

3. 细节（图9-6）

细节在制作景深效果时非常常用，能修剪镜头的不足，前端的参数无须调整，主要看后面的前景模糊和背景模糊，能大大地提高场景的对比度。

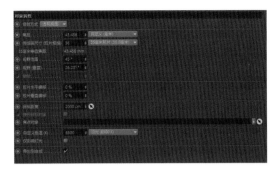

图9-1

图9-2

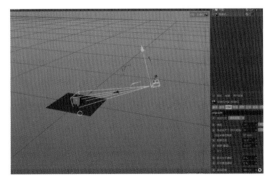

图9-3

图9-5

图9-6

4. 立体（图9-7）

立体中的参数一般是不会去调整的，默认模式即可。

5. 合成（图9-8）

合成也称为合成辅助，没有实时性的功能。勾选网格（图9-9），摄像机表面就会出现网格状，辅助场景摆置，将物体放入网格中心实现中心构图。勾选对角线（图9-10），能够让物体实现左右对称效果。三角形（图9-11）实现物体平移构图。黄金分割（图9-12）实现黄金比例构图。黄金螺旋线（图9-13）实现螺旋线构图。十字标（图9-14）寻找摄像机中心。下方是绘制构图线的工具。

6. 球面（图9-15）

当需要绘制全景视频和图片时，可采取此参数方便实现效果。

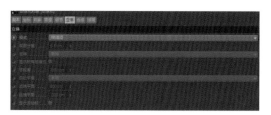

图9-7

图9-8

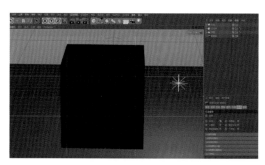

图9-9

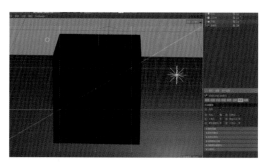

图9-10

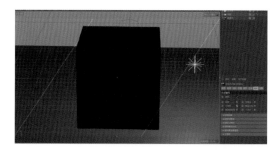

图9-11

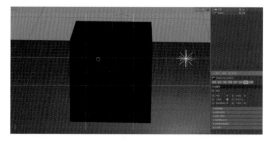

图9-12

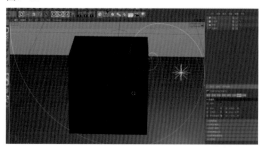

图9-13

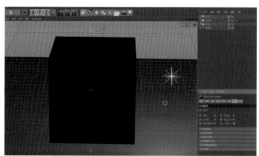

图9-14

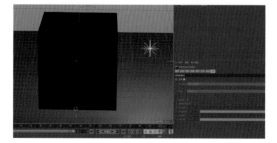

图9-15

任务二：目标对象调整构图

移动摄像机时，可利用目标标签来精确摄像机的目标。右击摄像机，找到C4D标签，点击目标（图9-16）。

将主体放入目标标签中的目标对象中（图9-17），无论怎样移动摄像机，摄像机的视角都不会离开这个目标（图9-18）。

六、资源推荐

海斯网——国内良心C4D素材网站，26.9元/年，全站的素材免费下载。界面简洁，没有广告，资源很多，用起来很舒服。

七、课后小结

掌握摄像机的基本参数调节，特别是景深效果和目标标签的理解和运用。

八、课后作业

1. 调整景深需要调整什么参数？

2. 给前面的模型场景添加摄像机，调整构图，要求画面饱和、具有空间感。

图9-16

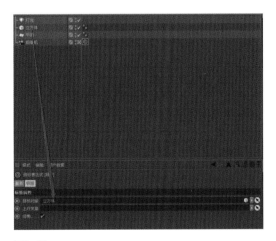

图9-17

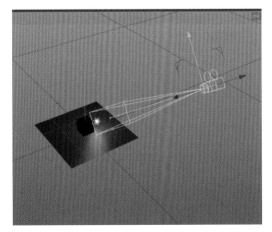

图9-18

模块十

灯光

MODULE TEN
THE LIGHT

授课建议 ///

建议3课时（理论2课时，实践1课时）。

课前准备 ///

1. 了解灯光各项参数，根据目标标签调整灯光。

2. 了解灯光和影子之间的关系。

3. 熟练使用位置、选择、缩放等基本功能。

技能点 ///

1. 本模块需掌握灯光的基础部分，以及知晓灯光的原理，灯光越大强度越大，影子越虚；灯光越小强度越小，影子越实。

2. 特别是配合目标标签，能更方便地调节灯光。

3. 懂得利用光影去给环境增加氛围感，不断利用灯光的强度区分主光和辅光。

模块十　灯光

一、授课建议

建议3课时（理论2课时，实践1课时）。

二、课前准备

1. 了解灯光各项参数，根据目标标签调整灯光。

2. 了解灯光和影子之间的关系。

3. 熟练使用位置、选择、缩放等基本功能。

三、技能点

1. 本模块需掌握灯光的基础部分，以及知晓灯光的原理，灯光越大强度越大，影子越虚；灯光越小强度越小，影子越实。

2. 特别是配合目标标签，能更方便地调节灯光。

3. 懂得利用光影去给环境增加氛围感，不断利用灯光的强度区分主光和辅光。

四、素养点

1. 灯光是渲染的重头戏，一个小小的灯光就能影响到整体的光影关系。一个优秀的渲染师，调节灯光是非常细致的，会精确到参数的小数点位，调节灯光的位置都是一点点去反复观察调节的。

2. 在一些氛围感超强的视频和图片中，往往光影是非常精彩的，一个好的布光能快速抓住观看者的眼球。

五、主体内容

任务一：灯光参数熟知

1. 灯光分为四大类：点光、聚光、日光以及区域光。每种光源都有自己独特的功能。点光适合在部分小区域进行细节的布光；聚光适合模拟光束效果和剧场氛围感；日光适合模拟室外效果；区域光适合作为基本光源的雏形。这些也是基础光源，一些特殊的光源都是在基础光上添加效果。

2. 灯光基础参数为常规、细节、可见、投影、光度、焦散、噪波、镜头光晕、工程（图10-1），点击常规（图10-2），在颜色中设置灯光颜色，勾选色温，色温值大于6500时灯光偏冷，小于6500时偏暖。点击灯光的类型（图10-3），较为常用的灯光类型为区域光和泛光灯，在特殊场景会使用聚光灯。分别看看

图10-1

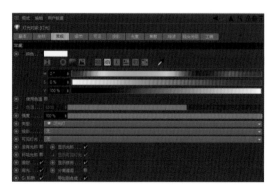

图10-2

这三种灯光的样式，图10-4为泛光灯，图10-5为区域光，图10-6为聚光灯，其余灯光基本就是基础光的效果。

图10-3

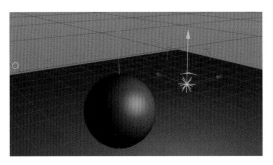

图10-4

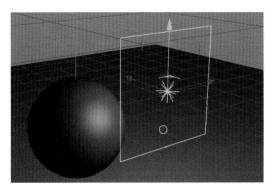

图10-5

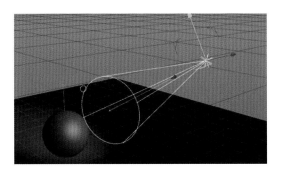

图10-6

任务二：光影关系

1. 常规：点击投影（图10-7），分别为软阴影、强烈、区域，依次看看三种投影的区别。软阴影（图10-8），投影有过渡但不是很清晰。强烈（图10-9），无过渡，影子很实。区域（图10-10），过渡很好，符合现实逻辑。在下方的效果显示勾选中，有需求时才会去设置，一般保持默认值为好。

2. 细节（图10-11）：基本保持默认状态，找到形状，这里能改变光源的基础形，可选择所需样态。下方找到衰减（图10-12），能控制灯光照明的范围，点击平方倒数（图10-13、图10-14），控制灯光范围在限定的范围内进行照明，下方渐变勾选能使灯光有很好的过渡。

3. 可见（图10-15）：控制衰减细节，调整衰减的强度，越大衰减范围越大。其他是调整衰减细节参数，重点找到颜色层，可添加多种颜色（图10-16），使灯光的颜色多样。

4. 投影（图10-17）：参数默认，需要特殊表现投影可调整。

5. 光度（图10-18）：默认参数。

6. 工程（图10-19）：有两种模式——排除和包括。当不想让灯光影响某处时可选排除，取消灯光对该处产生照明（图10-20）。

图10-7

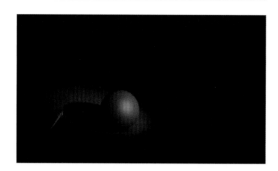

图10-8

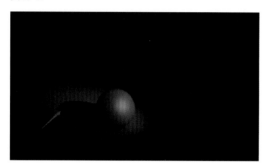

图10-9

图10-10

图10-11

图10-12

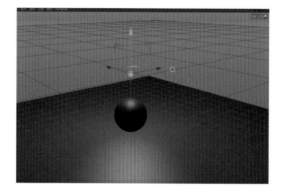

图10-13

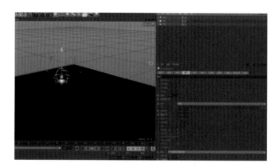

图10-14

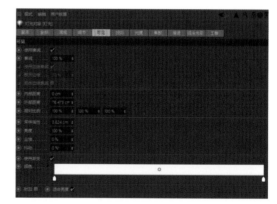

图10-15

图10-16

图10-17

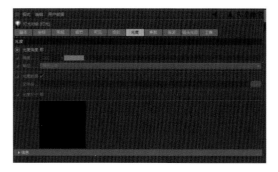

图10-18

图10-19

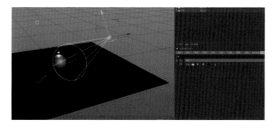

图10-20

图10-21

任务三：制作光影场景氛围

新建项目（图10-21），在上方点击渲染设置，添加全局光照和环境吸收（图10-22），点击环境光照，设置二次反射算法为辐射贴图。新建灯光，设置类型为区域光，投影切换为区域（图10-23），建立一个空对象，右击灯光，添加C4D标签，找到目标标签，将空白拖进目标标签中的目标对象中（图10-24），移动灯光至场景右上方作为主体光（注意：主体光是场景中强度最大的光源，为了区别主体光和辅助光源，一般通过强度控制。主体光一般就是在摄像机的右上角或者左上角，特殊的场景会有所不同，那么布光的原理就是哪里暗，就往哪里加光源）（图10-25）。

新建立方体，点击克隆效果器（图10-26），调整立方体大小（图10-27），设置克隆的模式为线性，数量为15，位置Y为24（图10-28），将克隆移至主光源的前方（图10-29），调整灯光的大小，强度调为200（图10-30）。

复制主光，调整至场景的左上方（图10-31），调整灯光的大小，强度调为10，作为场景的辅光。建立材质勾选颜色、漫射、反射、环境（图10-32），复制材质将反射通道去掉，调整颜色为灰色（图10-33），将灰色漫射材质作为地板和背景墙的材质，其他模型用反射材质。

点击上方的实时渲染（图10-34），这样带有光影感的场景氛围就出来了。

图10-22

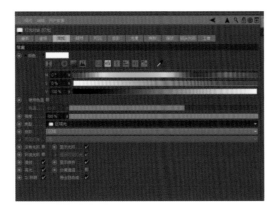

图10-23

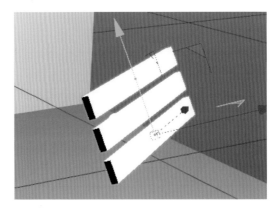

图10-27

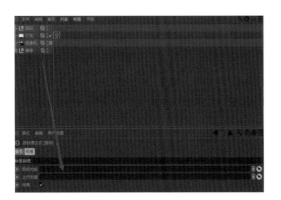

图10-24

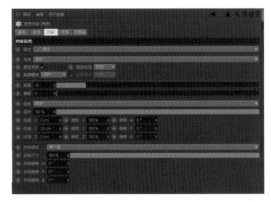

图10-28

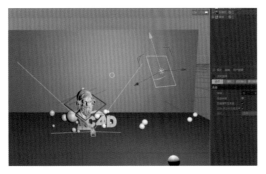

图10-25

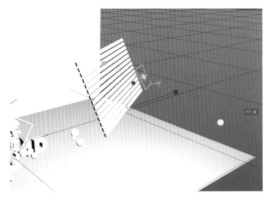

图10-29

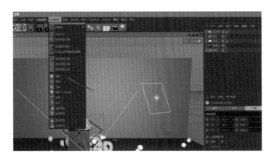

图10-26

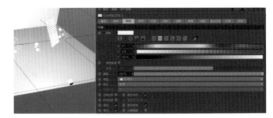

图10-30

图10-31

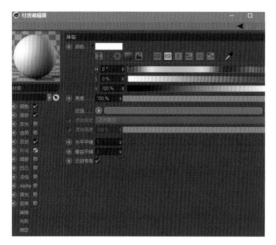

图10-32

图10-33

图10-34

六、资源推荐

《新印象Octane for Cinema 4D渲染技术核心教程》这本书是提高Cinema 4D三维渲染技术的教程图书，主要针对有一定Cinema 4D基础的读者编写，介绍了Octane渲染器在三维渲染技术中的重要功能和应用实例。该书介绍了Octane渲染器的常用技法，包括Octane渲染设置、Octane灯光照明系统、Octane材质编辑系统、Octane节点编辑系统、Octane雾体积与标签，以及Octane视觉表现项目实例。为了帮助读者快速掌握，书中利用"控制变量法"测试的方式来讲解软件功能，使用实例来进行渲染技术的综合练习，希望能让读者一步一个脚印，稳扎稳打，牢固地掌握三维渲染技术。

七、课后小结

1. 掌握各项灯光参数、影子虚实变化调节。

2. 理解环境对于整个场景的影响。

3. 熟练调整渲染设置。

八、课后作业

1. 调整影子时需要注意什么？

2. 搭建场景调节含光影的场景，要求灯光适亮、光影关系正确。

模块十一

姿态变形在建模中的应用

MODULE ELEVEN
APPLICATION
OF POSTURE
DEFORMATION IN
MODELING

授课建议 ///

建议3课时（理论2课时，实践1课时）。

课前准备 ///

1. 了解变形器的含义和功能。

2. 了解域的一个概念。

3. 熟练使用倒角属性制作效果。

技能点 ///

1. 本模块需掌握姿态变形标签，它对于建模是非常常用的，特别是在做产品级建模时，能大幅度降低布线的难度。

2. 通过姿态变形可制作一些较简易的变形效果，若利用好关键帧的调节，可制作出好的动画效果。

模块十一　姿态变形在建模中的应用

一、授课建议

建议3课时（理论2课时，实践1课时）。

二、课前准备

1. 了解变形器的含义和功能。
2. 了解域的一个概念。
3. 熟练使用倒角属性制作效果。

三、技能点

1. 本模块需掌握姿态变形标签，它对于建模是非常常用的，特别是在做产品级建模时，能大幅度降低布线的难度。

2. 通过姿态变形可制作一些较简易的变形效果，若利用好关键帧的调节，可制作出好的动画效果。

四、素养点

1. 其实在我们建模中，有很多方法能优化我们的模型。多多去利用变形器和标签搭配好模型，这样能大幅度提高我们的效率。

2. 姿态变形不光是建模之中经常用到，很多的动画师都离不开它。它的方便之处在于，可通过相同结构的挤压变化，利用衰减去控制相对应的点的移动。

五、主体内容

任务一：姿态变形标签运用

1. 姿态变形简单说，就是通过对应的点发生变化，导致模型变形。通常做模型渐变结构效果时，能够高效完成，如从薄的部分过渡到厚的部分，不规则的表面等。注意：两个相对的模型，结构布局必须相同。

2. 新建项目，新建圆环，转换为可编辑对象。切换正视图和点模式，利用框选工具将点删除掉四分之三（图11-1、图11-2），切换透视图复制一份，重命名为a、b（图11-3），选择a，全选所有面，右击找到挤压，勾选封顶（图11-4）。

3. 设置偏移值为-20，点击应用。选择b，全选所有面，右击找到挤压，设置偏移值为-5（图11-5）。

4. 选择a，全选边缘结构线（图11-6），右击找到倒角，模式为实体，设置偏移值，点击应用（图11-7）。

5. 同理将b模型也进行倒角（图11-8），给a模型添加细分曲面（图11-9）。

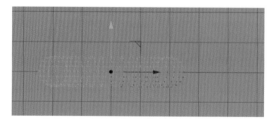

图11-1

6.右击a模型，在角色标签栏中找到姿态变形（图11-10），设置混合为点（图11-11），在高级栏中将b模型拖进目标中（图11-12）。

7.设置模式为动画（图11-13），可控制姿态的强度控制模型的厚度（图11-14、图11-15）。

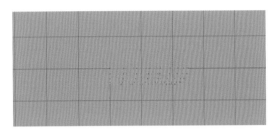

图11-2

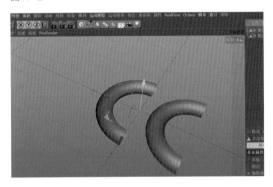

图11-3

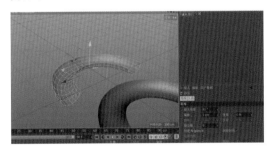

图11-4

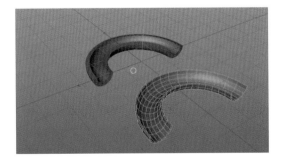

图11-5

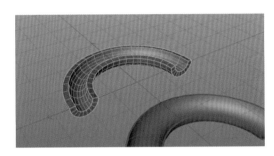

图11-6

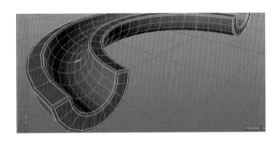

图11-7

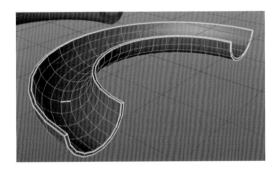

图11-8

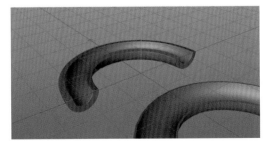

图11-9

图11-10

图11-12

图11-11

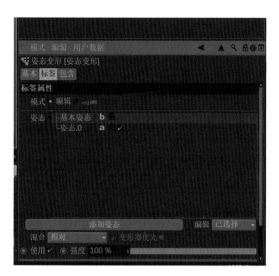

图11-13

图11-14

图11-15

任务二：变形器搭配

给模型a添加变形效果器，按住Shift（图11-16），点击变形，设置衰减（图11-17），点击线性域，移动线性域，观察模型的变化（图11-18）。

这样会发现中间薄两边厚，利用这种方法可方便制作模型的过渡。

任务三：倒角变形器制作模型

新建模型，宝石设置类型为二十面，分段为10（图11-19），转换为可编辑对象。按住Shift添加倒角变形器（图11-20），设置构成模式为多边形，偏移模式为按比例，偏移为19%（图11-21），点击多边形挤出，取消勾选保留组，挤出距离为0cm（图11-22）。

复制倒角变形器，将挤出设置为5cm（图11-23），复制宝石，命名为a，将原来的命名为b（图11-24）。

设置a，挤出为0（图11-25），选择a，右击找到当前状态转换为对象（图11-26），命名新对象为a1，隐藏a（图11-27），右击a1，

图11-16

图11-17

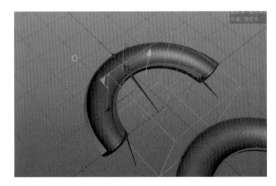

图11-18

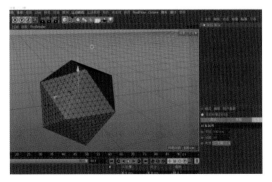

图11-19

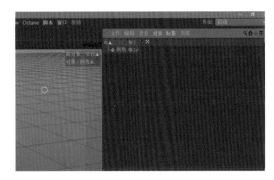

图11-20

图11-21

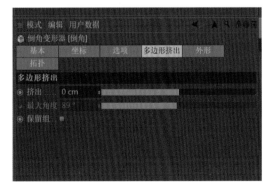

图11-22

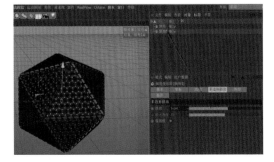

图11-23

图11-24

图11-25

图11-26　　　　图11-27

找到姿态变形（图11-28），设置姿态变形的混合为点，在高级中将b拖进目标中（图11-29），点击动画模式，隐藏b（图11-30）。

给a1添加变形（图11-31），点击衰减，设置球体域（图11-32）。移动球体域，占a1的一半（图11-33），这样就能制作一些奇特的模型效果。

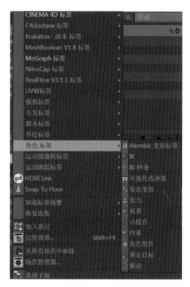

图11-28

图11-29

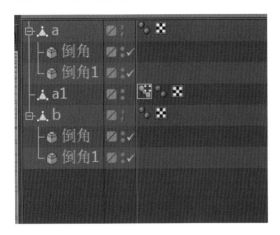

图11-30

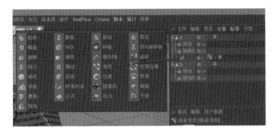

图11-31

图11-32

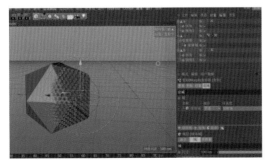

图11-33

六、资源推荐

《新印象：CINEMA 4D电商设计基础与实战》是一本讲解Cinema 4D电商三维设计与制作全流程的实战教程的图书。全书共12章，从Cinema 4D的基础操作入手，用9个基础案例和10个不同风格的综合商业案例，阐述了Cinema 4D基本使用技巧，以及Cinema 4D建模、材质、灯光和渲染在电商设计中的运用，同时还讲解了RealFlow流体TX的制作方法。附赠书中所有案例的工程文件及配套视频教程，以及一套针对零基础读者的软件基础操作视频教程。该书适合电商设计行业的相关从业者及想学习Cinema 4D设计与制作的设计师阅读，同时适合作为相关培训机构及相关院校的参考教材。

七、课后小结

1．熟练掌握姿态变形标签和变形效果器。
2．利用倒角变形器制作特殊效果。
3．通过域控制模型的过渡。

八、课后作业

1．域的含义是什么？
2．制作一个表面凹凸有形的八面体，要求表面过渡、造型美观。

模块十二

限制标签和FFD在建模中的应用

MODULE TWELVE
APPLICATION OF
RESTRICTION TAGS
AND FFD IN MODELING

授课建议 ///

建议3课时（理论2课时，实践1课时）。

课前准备 ///

1. 了解FFD如何匹配父级加点。

2. 了解限制标签的含义和功能。

3. 思考当模型无法通过传统技法造型时，可以选择哪些变形器搭配。

技能点 ///

1. 本模块重点掌握FFD这个变形器，特别在调整模型的外形时几乎都是用到此变形器。

2. 学会控制FFD分段调整模型的造型，熟练利用FFD的父级匹配快速控制对象。

模块十二　限制标签和FFD在建模中的应用

一、授课建议

建议3课时（理论2课时，实践1课时）。

二、课前准备

1. 了解FFD如何匹配父级加点。

2. 了解限制标签的含义和功能。

3. 思考当模型无法通过传统技法造型时，可以选择哪些变形器搭配。

三、技能点

1. 本模块重点掌握FFD这个变形器，特别在调整模型的外形时几乎都是用到此变形器。

2. 学会控制FFD分段调整模型的造型，熟练利用FFD的父级匹配快速控制对象。

四、素养点

1. 特别注意调整外形时，一定是模型布线已经完善。提前使用会出现布线的混乱。

2. 建模时，不仅要处理好每个结构的布线，还要不断地精确到模型的造型，不断与参考对比，尽力去还原参考，这也是建模师的职业操守。

五、主体内容

任务一：FFD变形器

1. 在建模时要注意布线的合理、造型的准确。用好适当的变形器能大大缩短建模的时间，以及实现效果的提升。新建项目，新建平面，将平面放大，易观察即可。转化为可编辑对象（图12-1），切换为面模式，选择平面（图12-2），右击点击内部挤压。设置偏移值为15cm，点击应用。再次改变偏移值为10，点击应用（图12-3），按住Ctrl，向上挤压（图12-4）。

再次按住Ctrl，向上挤压（图12-5）。继续重复操作，添加分段（图12-6），给平面加细分曲面（图12-7），给平面添加FFD变形器（图12-8），调整FFD对象大小（图12-9）（注意：调整FFD是尽量去调整尺寸数值，不要用缩放工具去调整大小）。

给FFD添加网点（图12-10），切换为点模式，调整点位置即可编辑模型造型（图12-11）。

在FFD中移动网点会影响整体点的位置和线条（图12-12），那么配合着限制标签的话就能增加灵活度。点击平面，选择点模式，循环选择需移动的点，按住V键，找到设置选集（图12-13）。

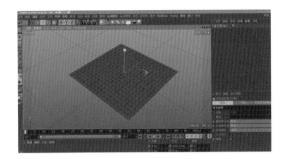

图12-1

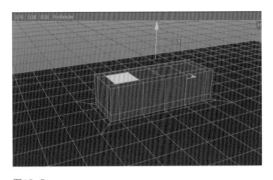

图12-5

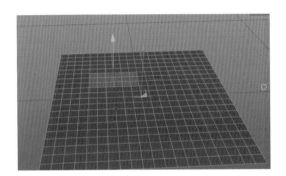

图12-2

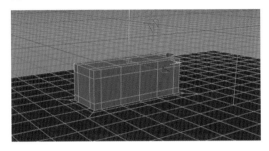

图12-6

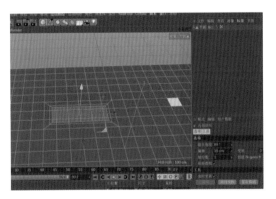

图12-3

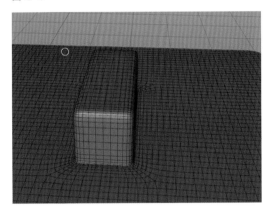

图12-7

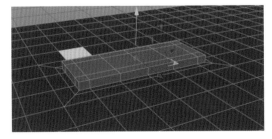

图12-4

图12-8

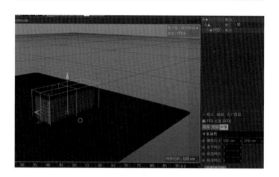

图12-9

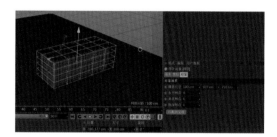

图12-10

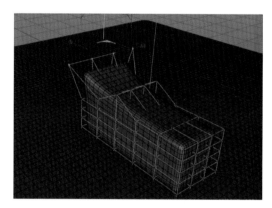

图12-11

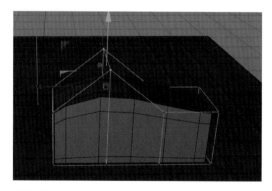

图12-12

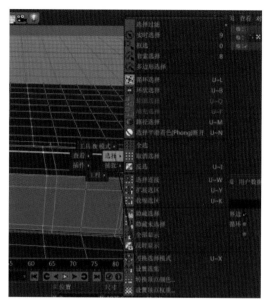

图12-13

任务二：限制标签

右击FFD，在C4D标签中找到限制（图12-14），将平面中的点选集放入（图12-15）。

任务三：运用在模型中

这样移动FFD就只能移动选中的点（图12-16）。

选择平面，切换面模式（图12-17），选择需变化的面（图12-18），按住V键，设置选集（图12-19），将面选集拖入限制标签中，移动FFD的网点（图12-20），打开细分（图12-21）。这样的造型如果自己移动时间需要很多，并且不能保证标准，通过变形器能大大地提高效率。在限制标签中，不论是点、面还是线都可以设置限制范围来规划模型。

图12-14

图12-15

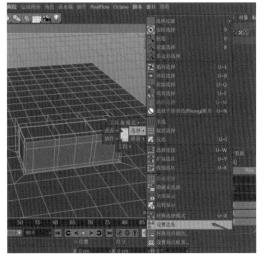
图12-19

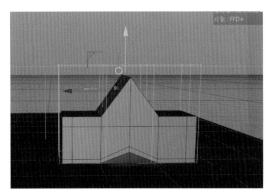
图12-16

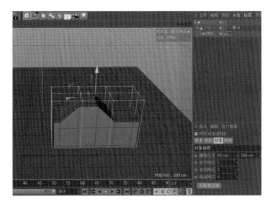
图12-20

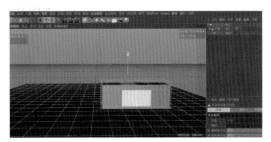
图12-17

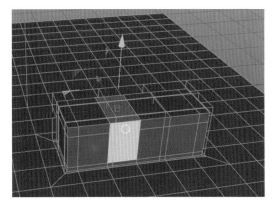
图12-18

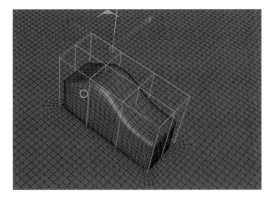
图12-21

六、资源推荐

　　《C4D三维设计基础》从CINEMA 4D的基础知识和工作流程开始讲起，再围绕各种模型（文字模型、卡通模型和TX模型等）的制作、材质的调节和综合应用案例进行讲解，全流程记录了每个案例的详细制作过程。本书对CINEMA 4D的建模、灯光、材质和渲染这几大核心技术进行了提炼，并从实际工作的角度出发，让读者掌握不同项目的制作过程和技巧。在阅读本书时，可以结合配套的视频教学进行学习，让学习更高效。本书适合电商设计师、平面设计师和网页设计师参考学习，同时也可作为相关培训机构的参考用书。

七、课后小结

　　1. 掌握FFD变形器的使用，以及技巧技法。
　　2. 熟练使用限制标签配合建模。
　　3. 掌握当过渡大和小时，该如何设置分段。

八、课后作业

　　1. FFD如何添加到模型中？
　　2. 限制标签添加到哪里？
　　3. 利用FFD和限制标签制作键盘按钮，要求造型准确、布线合适。

模块十三

口红建模

MODULE THIRTEEN
LIPSTICK MODELING

授课建议 ///

建议6课时（理论3课时，实践3课时）。

课前准备 ///

1. 了解多边形建模的基本技法以及加线卡边原则。

2. 综合各项建模工具搭配制作模型。

3. 熟练掌握对称工具技法，二分之一建模。

4. 了解三角面如何去规避。

技能点 ///

1. 本章属于综合案例，需要掌握好四分之一建模的方法，以及如何参考的比例。

2. 特别是建模工具的掌握和基础布线的思维方式。在边缘结构处，一定要避免三角面的出现，掌握好焊接、溶解、优化和封洞等建模工具。

3. 变形器FFD的调节，分配好每个模型的分布。

模块十三　口红建模

一、授课建议

建议6课时（理论3课时，实践3课时）。

二、课前准备

1. 了解多边形建模的基本技法以及加线卡边原则。

2. 综合各项建模工具搭配制作模型。

3. 熟练掌握对称工具技法，二分之一建模。

4. 了解三角面如何去规避。

三、技能点

1. 本章属于综合案例，需要掌握好四分之一建模的方法，以及如何参考的比例。

2. 特别是建模工具的掌握和基础布线的思维方式。在边缘结构处，一定要避免三角面的出现，掌握好焊接、溶解、优化和封洞等建模工具。

3. 变形器FFD的调节，分配好每个模型的分布。

四、素养点

1. 产品建模现在是非常受欢迎的，特别是在电商公司，不论产品部还是电商设计部，都离不开建模。

2. C4D在三维软件的特点就是高效、快速地出图。而电商主要要求就是出图的速度。不管是在详细页还是海报，都是离不开三维制图的，搭配着后期的调整和排版，大大地提高现有质量。

五、主体内容

任务一：参考图设置

找到参考图片（图13-1、图13-2）。

新建项目，新建平面，调整平面的轴向为-Z（图13-3），双击材质通道，点击发光通道（图13-4），将参考图片放入纹理层中。

右击图片属性分辨率为160×606（图13-5），设置平面的宽度为160cm，高度为606cm（图13-6）。

图13-1　　　　图13-2

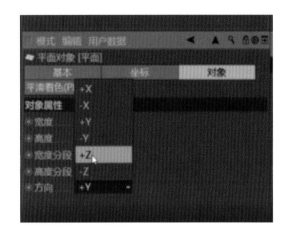

图13-3

图13-5

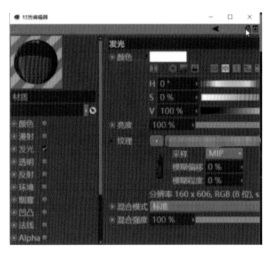

图13-4

图13-6

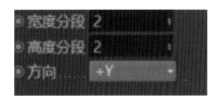

图13-7

任务二：口红身体制作

新建平面，设置宽度分段为2，高度分段为2（图13-7），转化为可编辑对象，切换为点模式，删除点（图13-8、图13-9）。注意：当一个物体是中心对称时，可采取四分之一建模方法，节省建模时间，使之能使点完全对称。

添加对称工具，调整轴向为XY（图13-10），勾选在轴心上限制点和删除轴心上的多边形（图13-11），再次添加对称，产生的图层关系是平面的父级是对称，对称的父级是对称1（图13-12）。切换轴向为ZY，勾选在轴心上限制点和删除轴心上的多边形。切换面模式，选择平面，右击找到内部挤压，拖动鼠标（图13-13），删除中间面（图13-14）。给对称添加细分曲面，关闭细分曲面（图13-15），右击找到线性切割，在直角处添加线条（图13-16）。切换线模式，选择外圈线（图13-17），住Ctrl，向下拖动想要的长度（图13-18），点击缩放工具，调整缩放的轴向为X=-100，Y=0，Z=-100（图13-19），按住Ctrl，向内部缩放（图13-20），切换线模式，选择中间样条删除（图13-21、图13-22）。

切换点模式右击找到优化（图13-23），选择两点（图13-24），右击找到焊接（图13-25），焊接到两点中心（图13-26）。选择所有点，右击找到封闭多边形孔洞，点击空缺处（图13-27），选择两个边（图13-28），点击缩放命令，按住Ctrl，向内拖动（图13-29）。切换点模式，选择三点（图13-30），右击找到焊接，焊接到中心位置（图13-31），调整点位置，使平面封闭（图13-32），选择中间线条（图13-33），右击找到溶解（图13-34），选择边缘线（图13-35），右击找到倒角切换模式为实体，调整偏移值为10，点击应用。

调整底面点（图13-36），选择中部线（图13-37），右击找到倒角，设置模式为实体，偏移值为4.786，点击应用（图13-38）。

切换面模式，选择需挤压面（图13-39），按住Ctrl向上移动（图13-40）。

选择凸起面（图13-41），按住Ctrl，向下移动（图13-42）。选择边缘结构线（图13-43），右击找到倒角，切换实体模式，设置偏移值为0.4，点击应用（图13-44），打开细分（图13-45），底部结构就做完了。

切换面模式，关闭细分，选择所有平面（图13-46），右击找到循环切割工具，在表面切线点击上方的中部切割（图13-47），再点击右边的添加，点击三下给模型添加分段（图13-48）。点击上方结构边缘线（图13-49），右击找到倒角，设置实体，偏移值为2.367，点击应用（图13-50）。

选择点模式，切换框选工具，调整模型的

造型（图13-51）。

选择内部线（图13-52），按住Ctrl，向下移动。点击对称，在基本栏中勾选透显（图13-53），方便能看清厚度，移动至底部（图13-54）。切换缩放工具，按住Ctrl，向内挤压面，按照底面的方法把线布好（图13-55），选择结构边缘线，右击找到倒角，切换实体，设置偏移值，点击应用（图13-56）。

选择顶部边缘，右击倒角，设置偏移值，点击应用（图13-57）。

口红外壳就完成了，设置命名为口红外框（图13-58）。

图13-8

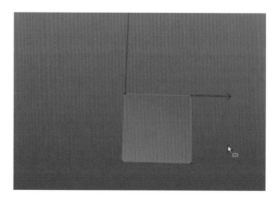

图13-9

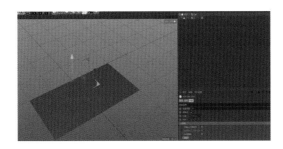

图13-10

图13-11

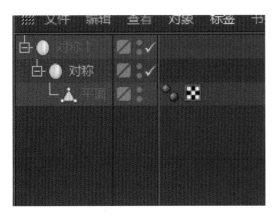

图13-12

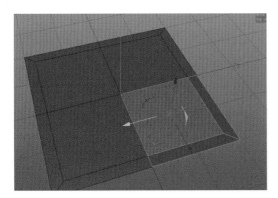

图13-13

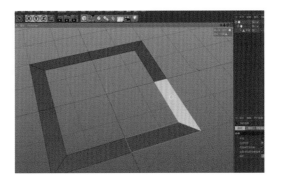

图13-14

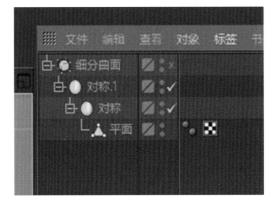

图13-15

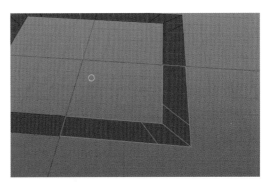

图13-16

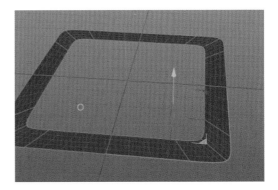

图13-17

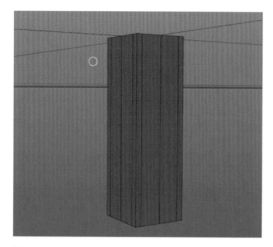

图13-18

图13-19

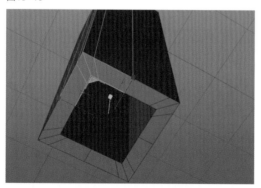

图13-20

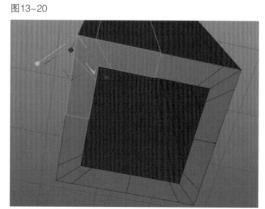

图13-21

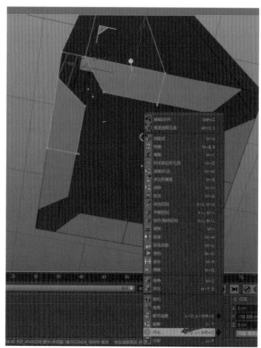

图13-22

图13-23

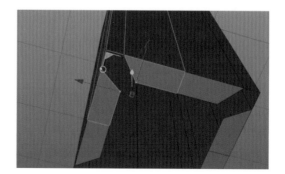

图13-24

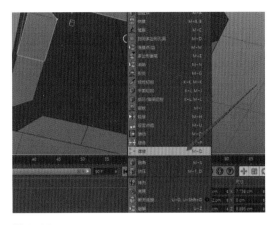

图13-25

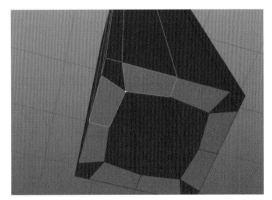

图13-26

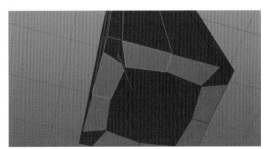

图13-27

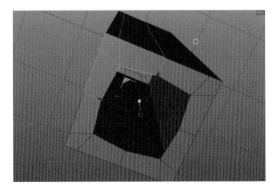

图13-28

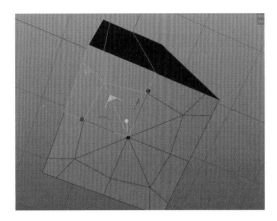

图13-29

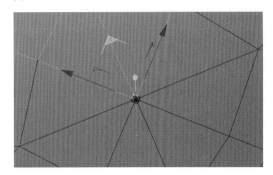

图13-30

图13-31

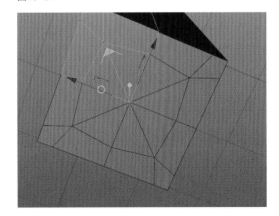

图13-32

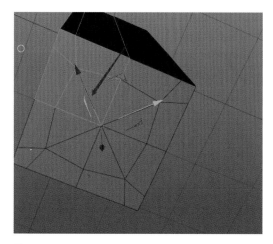

图13-33

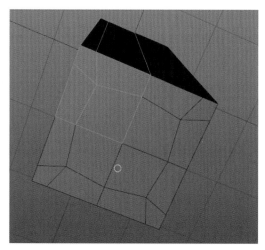

图13-34

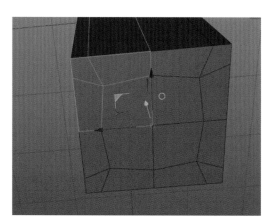

图13-35

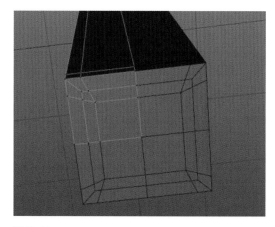

图13-36

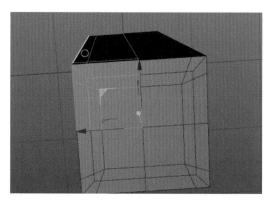

图13-37

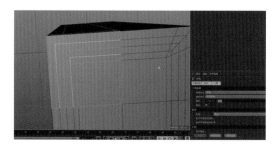

图13-38

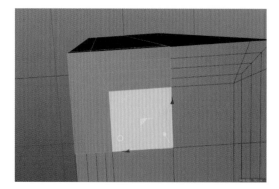

图13-39

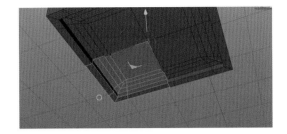

图13-40

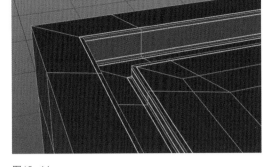

图13-44

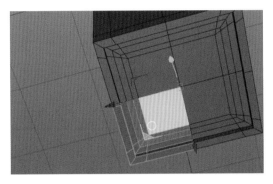

图13-41

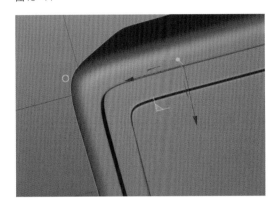

图13-45

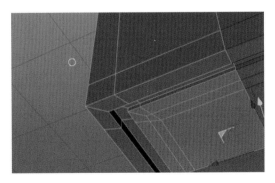

图13-42

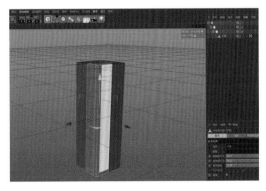

图13-46

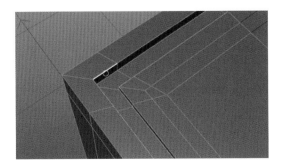

图13-43

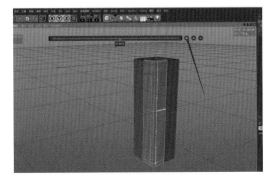

图13-47

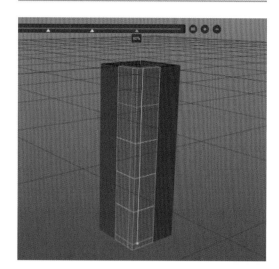

图13-48

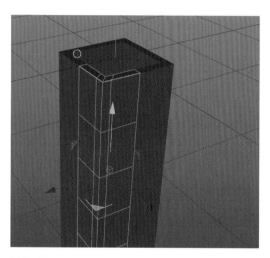

图13-49

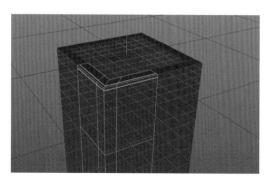

图13-50

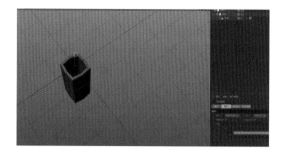

图13-51

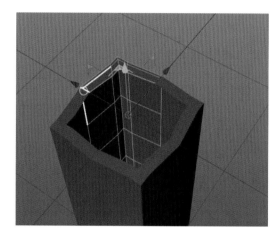

图13-52

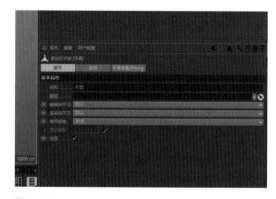

图13-53

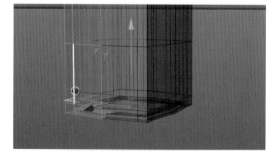

图13-54

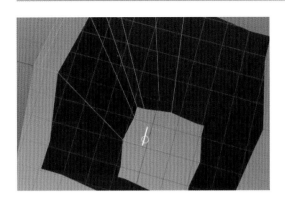

图13-55

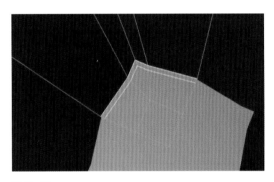

图13-56

图13-57

图13-58

图13-59

任务三：口红外管

选择口红外框，切换面模式，选择顶面（图13-59）。

右击找到分裂（图13-60），切换线模式，把多余线条消除（图13-61）。

点击对称效果器，设置轴向为XY，勾选在轴心限制点和删除轴心上的多边形（图13-

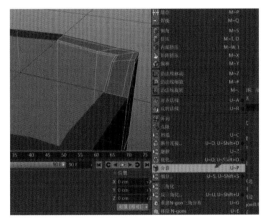

图13-60

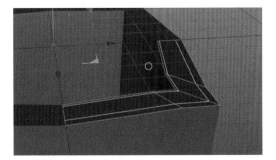

图13-61

62)。

在此基础上再添加对称，设置轴向为ZY
（图13-63），切换线模式，选择外圈线（图
13-64），按住Ctrl，设置高度（图13-65）。

选择内圈线，按住Ctrl，设置高度（图
13-66）。

切换缩放工具，按住Ctrl，将内部封顶
（图13-67）。

选择外圈线，切换缩放工具，按住Ctrl，
向内拖动（图13-68），删除线（图13-69），
焊接点（图13-70），右击找到多边形封孔。
（图13-71）。

图13-64

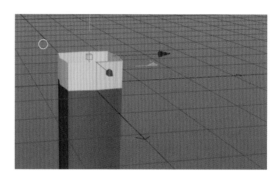

图13-65

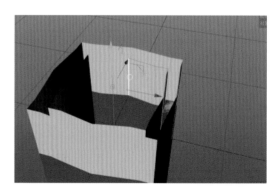

图13-66

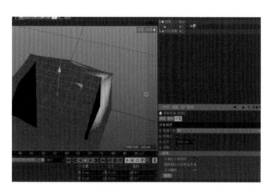

图13-62

图13-63

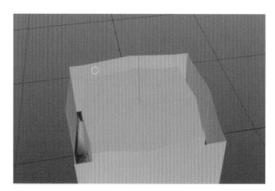

图13-67

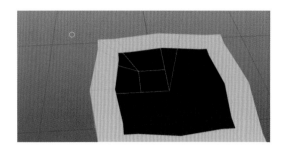

图13-68

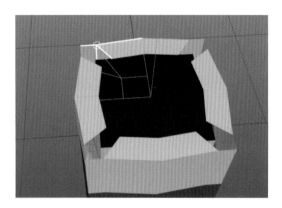

图13-69

任务四：口红

新建圆盘，设置旋转分段为8，切换缩放工具，设置圆盘大小（图13-72），点击启动捕捉（图13-73），切换为点模式，移动三点至圆盘贴合（图13-74、图13-75），删除圆盘。切换线模式，选择正八边形，按住Ctrl，挤出（图13-76），切换缩放，按住Ctrl，设置口红大小（图13-77）。

右击找到线性切割工具，切换为正视图（图13-78），在圆柱上画斜线。切换为透视图，删除面（图13-79、图13-80），右击对称（图13-81），选择当前状态转换为对象（图13-82），选择所有选项，右击找到连接对象加删除（图13-83）。

找到多边形画笔工具（图13-84），按住

Ctrl，拖动边（图13-85、图13-86）。

右击找到线性切割工具，在模型中间加线（图13-87、图13-88）。

消除两三角面的中线，调整四边形的造型（图13-89）。

选择所有点，右击找到优化。循环选择口红边缘结构线（图13-90、图13-91），右击倒角，切换实体模式，设置偏移值，点击应用（图13-92）。

右击找到线性切割，选项中把仅可见取消勾选（图13-93），口红中部加线（图13-94），循环选择边缘结构线（图13-95），右击找到倒角，切换实体模式，设置偏移值，点击应用（图13-96）。

右击找到循环切割工具，在口红中部加线（图13-97），开启细分曲面（图13-98）。

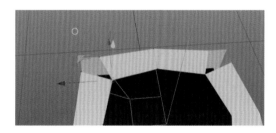

图13-70

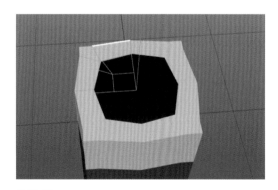

图13-71

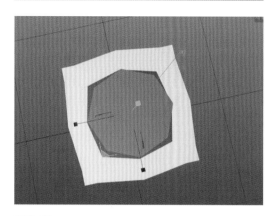

图13-72

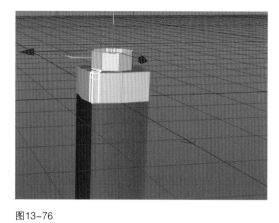

图13-76

图13-73

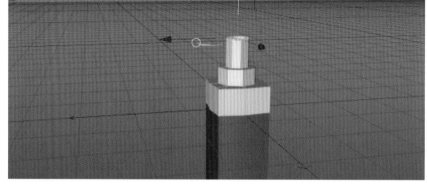

图13-77

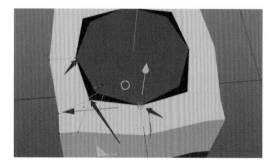

图13-74

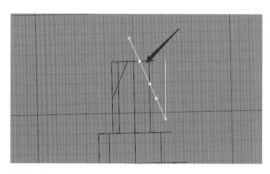

图13-78

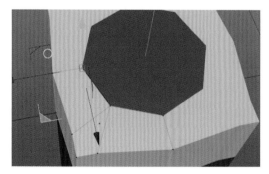

图13-75

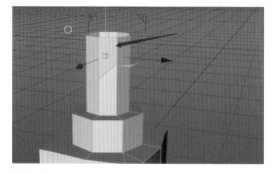

图13-79

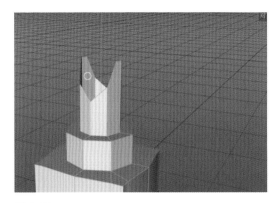

图13-80

图13-81

图13-82

图13-83

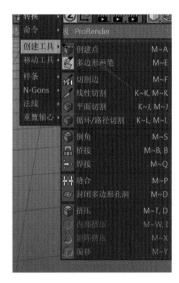

图13-84

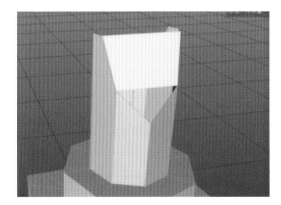

图13-85

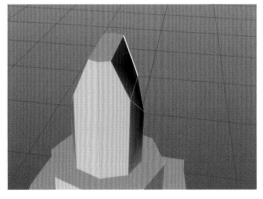

图13-86

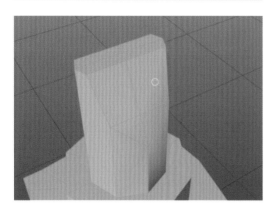

图13-87

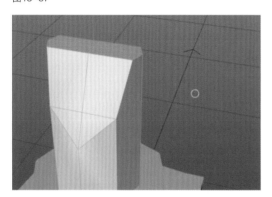

图13-88

图13-89

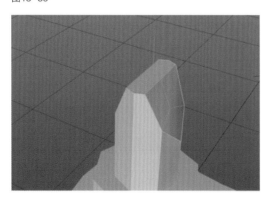

图13-90

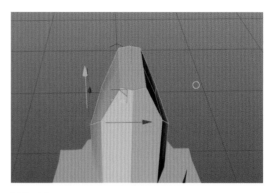

图13-91

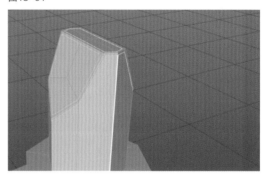

图13-92

图13-93

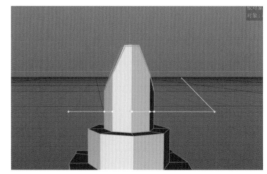

图13-94

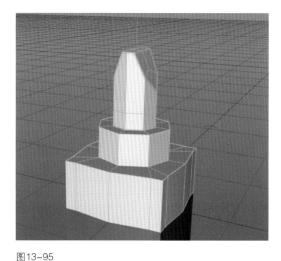

图13-95

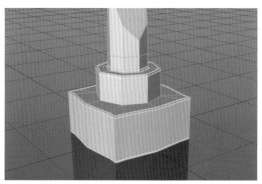

图13-96

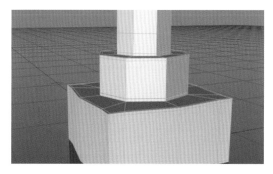

图13-97

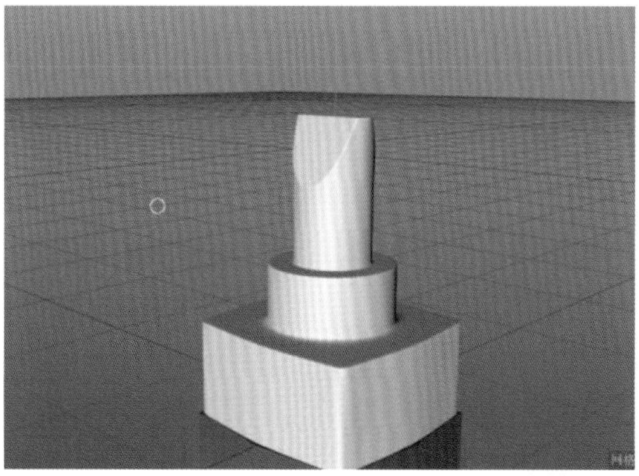

图13-98

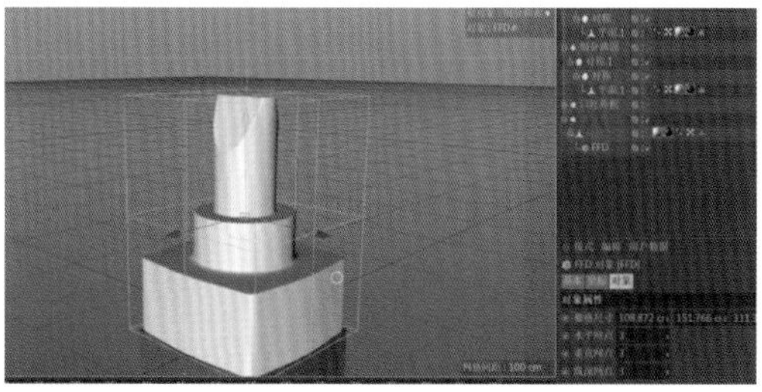

图13-99

图13-100

任务五：外观调整

选择模型，按住 Shift 添加变形器 FFD（图13-99），设置 FFD 的网格点为 8×8×8（图13-100），切换点模式，调整造型（图13-101）。

最后成品（图13-102）。

图13-101

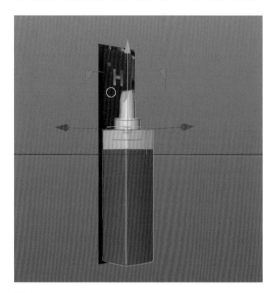

图13-102

七、课后小结

1. 对于多边形建模需熟练掌握。

2. 通过变形器辅助高效完成模型造型。

3. 熟练掌握四分之一建模方法，提高建模效率。

4. 技巧性地处理三角面，使模型更加光滑。

八、课后作业

1. 口红的盖子如何去制作呢?

2. 根据本章知识点完成口红建模，要求造型准确、布线规整（图13-103）。

六、资源推荐

《中文版Cinema 4D R21完全自学教程》是一本全面介绍Cinema 4D R21基本功能及实际运用的书。该书完全针对零基础读者编写，是入门级读者快速而全面地掌握Cinema 4D R21的参考书。

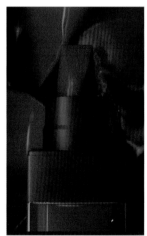

图13-103

模块十四

公仔建模

MODULE FOURTEEN
DOLL MODELING

模块十四　公仔建模

一、授课建议

建议6课时（理论3课时，实践3课时）。

二、课前准备

1. 了解IP形象基本造型，熟练掌握基本建模。

2. 了解效果器如何启动使用。

3. 熟练使用各种建模工具技巧。

4. 了解布尔功能。

三、技能点

1. 本模块需掌握二分之一对称建模，必须熟练应用对称效果器的调节。

2. 掌握体积生成和体积网格两个效果器的搭配，最后就是插件运用。不管是什么设计软件，外部插件都是非常实用的，能大大提高效能。不过一定要选择自己熟练的。

四、素养点

1. 目前小IP形象已经在市场上特别活跃了，在三维领域中有很多方法都可以实现，本模块方法针对公仔的制作。

2. 在市场中宣传部分和企业宣传研发，特别注重企业的IP形象这部分。一般都是通过二维去画三视图，才会给到三维部门进行模型搭建。

五、主体内容

任务一：参考图调整

新建项目，找到参考（图14-1），按鼠标中键，切换为正视图。将参考放入（图14-2），按住Alt点击背景加V调整参考的位置（图14-3）。

图14-1

图14-2

图14-3

任务二：IP身体制作

新建立方体，调整分段（图14-4），转换为可编辑对象，调整合适大小。切换点模式，删除一半点（图14-5），添加对称效果器，调整轴向为ZY，勾选在轴心上限制点和删除轴心上的多边形（图14-6）。

选择立方体，切换框选工具，调整造型（图14-7）（注意：调整点一定要前后一起调整）。添加细分曲面（图14-8），切换透视图（图14-9），切换点模式，调整厚度（图14-10）。

调整点位置，规范整体造型（图14-11）。

命名为身体（图14-12），切换正视图，建立三个球体，调整位置大小（图14-13），利用对称效果器能更方便找到对称位置。选择球体部分，Alt+G打组命名为头发（图14-14），新建球体，设置分段为45（图14-15），控制球体大小，添加对称效果器（图14-16），命名为眼睛（图14-17）。

任务三：体积生成和体积网格应用

找到体积生成和体积网格（注意：此功能在R20版本后才更新升级）。将身体、头发、眼睛作为体积生成的子级，将体积生成作为体积网格的子级（图14-18）。

图14-5

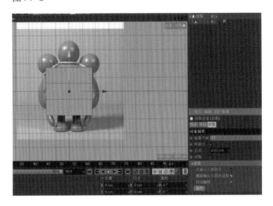

图14-6

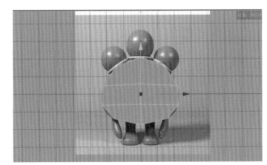

图14-7

图14-4

图14-8

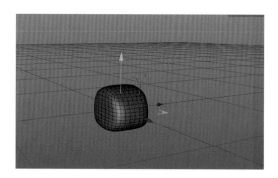

图14-9

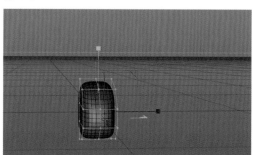

图14-10

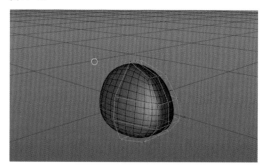

图14-11

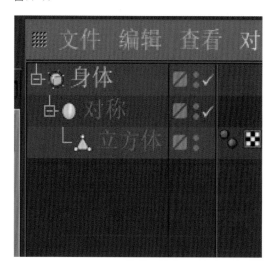

图14-12

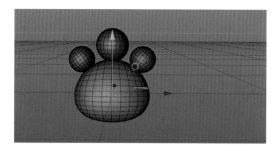

图14-13

图14-14

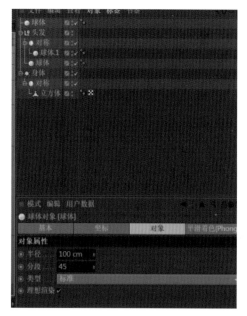

图14-15

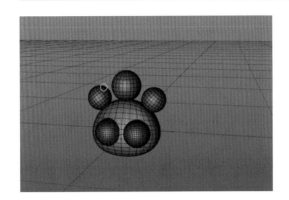

图14-16

图14-17

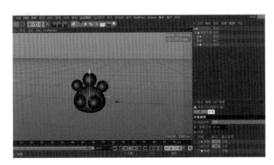

图14-18

图14-19

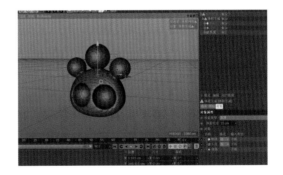

图14-20

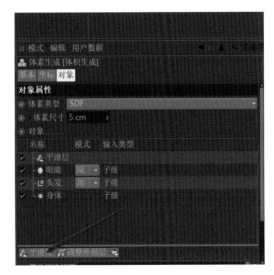

图14-21

　　调整三者的图层关系（图14-19），在模式中调整眼睛为减，头发为加（图14-20），点击体积生成调整体素尺寸为5cm，添加平滑层（图14-21），设置强度为22%，体素距离为3（图14-22）。

　　右击体素网格，找到当前状态转化为对象（图14-23），隐藏体素网格，命名转化的体素网格为上半身（图14-24）。

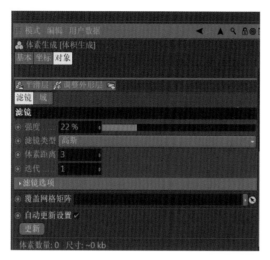

图14-22

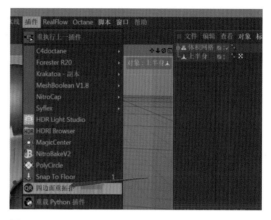

图14-25

图14-23   图14-24

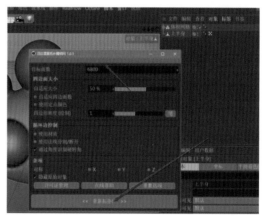

图14-26

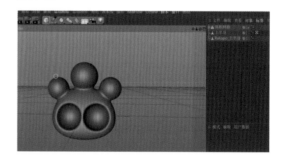

图14-27

任务四：外置插件应用

在插件栏中找到四边面重拓扑（图14-25）（注意：四边面重拓扑插件，需自行去下载），选择上半身，点击四边面重拓扑工具，设置目标面数为6800，点击重拓扑（图14-26），这样上半身的模型就制作好了（图14-27）。

任务五：IP五官制作

新建球体，分段调整为64，命名为眼球（图14-28），转化为可编辑对象，切换缩放工具压扁球体（图14-29）。

调整球体位置，添加对称效果器（图14-30），新建立方体，转化为可编辑对象。切换面模式，右击找到循环切割工具（图14-31），设置厚度，将脚掌挤压出来（图14-32），添加细分曲面，给模型加线（图14-33）。

打开细分曲面（图14-34），复制一份，调整好位置（图14-35）。

打组命名为腿（图14-36）。

新建立方体，调整合适大小，设置Z轴分段为3，添加细分曲面，转化为可编辑对象，调整模型的造型及位置（图14-37），命名为手臂（图14-38），给手臂添加对称效果器（图14-39）。新建圆环模型，调整圆环的位置和大小，放入模型对应的部分（图14-40）。这样就大致完成造型了。

此建模方法适合制作光滑表面造型，无须

考虑布线。特别是在模型中间连接过渡这块处理得很好（图14-41），如果利用传统的多边形建模去做，非常麻烦。

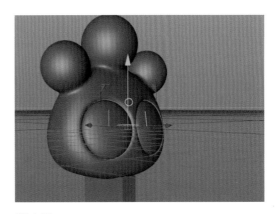

图14-30

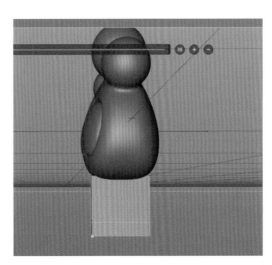

图14-31

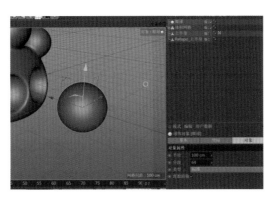

图14-28

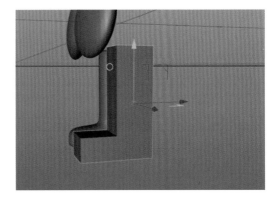

图14-32

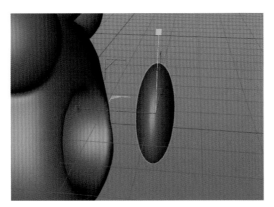

图14-29

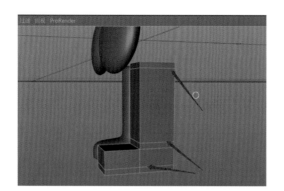

图14-33

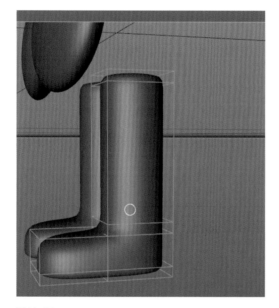

图14-34

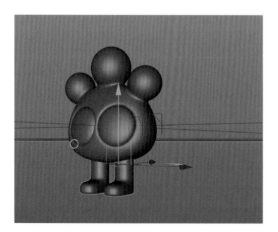

图14-35

图14-36

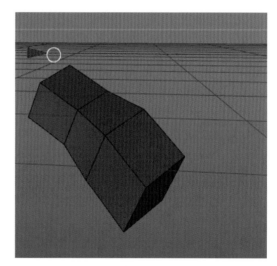

图14-37

图14-38

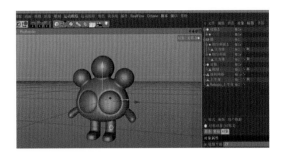

图14-39

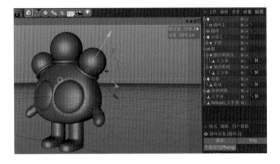

图14-40

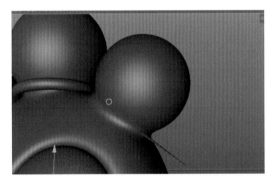

图14-41

六、资源推荐

重拓扑插件Exoside QuadRemesher v1.1.1 for Cinema 4D是一款非常实用的插件，可以将原来三角面模型，重新转换成四边形模型。

七、课后小结

1.本模块利用效果器、体积生成和体积网格制作模型，技巧性地处理衔接处，带领读者走向角色建模。

2.通过插件的加持使整体的建模过程加快，但不能过于依赖插件，插件的灵活性不强。

3.熟练掌握布尔功能加持。

八、课后作业

1.卡通建模步骤有哪些？

2.真实建模和卡通建模有哪些区别？

3.以可爱萌宠为参考建立模型，要求造型准确、有材质灯光（图14-42）。

图14-42

模块十五

几何场景渲染

MODULE FIFTEEN
GEOMETRIC SCENE
RENDERING

授课建议 ///

建议7课时（理论3课时，实践4课时）。

课前准备 ///

1. 掌握灯光的基础知识，以及搭配标签的使用。

2. 掌握材质的调节基础。

3. 能够熟练地操作软件视图。

4. 熟知如何调整渲染设置。

技能点 ///

1. 本模块主要是讲整体场景的渲染，重点知识为环境的搭建、金属材质的调节、灯光技巧。

2. 摄像机调整确定整体场景的构图，搭配目标标签优化调节。

模块十五　几何场景渲染

一、授课建议

建议7课时（理论3课时，实践4课时）。

二、课前准备

1. 掌握灯光的基础知识，以及搭配标签的使用。

2. 掌握材质的调节基础。

3. 能够熟练地操作软件视图。

4. 熟知如何调整渲染设置。

三、技能点

1. 本模块主要是讲整体场景的渲染，重点知识为环境的搭建、金属材质的调节、灯光技巧。

2. 摄像机调整确定整体场景的构图，搭配目标标签优化调节。

四、素养点

1. 目前市场上渲染师的职业非常火热，那么怎么去提高自己的渲染技术呢？首先就要提高自己的渲染基础，掌握好渲染的每一个参数，巩固对每个参数的理解。接着就要练习不同风格的场景，反复地去练习，找到自身的风格。

2. 渲染的五大要素为模型、光影、材质、色彩、氛围。这五大要素也是决定整体质量的重中之重，缺少一个部分都会降低质量。

五、主体内容

任务一：模型场景搭建

搭建模型场景（图15-1），通过简单的效果器搭配搭建几何场景。新建摄像机，调整构图位置，设置摄像机的旋转参数为0（图15-2）。

图15-1

图15-2

任务二：渲染和摄像机设置

调整摄像机的位置于场景中心（图15-3），打开渲染设置，设置高度为1280，宽度为1280（图15-4）。

接着调整构图，通过鼠标滚轮控制摄像机前后距离，调节摄像机位置信息控制左右距离，右击摄像机，点击C4D标签，找到保护标签（图15-5）（注意：保护标签添加后摄像机的位置就无法移动，这样就不会误操作移动摄像机，导致构图混乱）。

　　打开渲染设置，在效果中找到全局光照和环境吸收（图15-6），设置全局光照的二次反弹算法为辐射贴图（图15-7），创建区域灯光（图15-8），创建空对象，右击灯光选择C4D标签，找到目标标签（图15-9），点击目标标签，将空白拖入目标对象栏中（图15-10）。

点击灯光对象，设置投影的类型为阴影贴图（软阴影）（图15-11），点击细节栏设置衰减的模式为平方倒数。

图15-7

图15-8

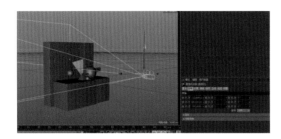

图15-3

图15-4

图15-9

图15-5　　　　图15-6

图15-10

图15-11

任务三：外置插件应用

点击插件栏，找到Magic Preview 1.1，将视图拖动移至视图中心（图15-12）（注意：Magic Preview 1.1是外置插件，可实时渲染默认渲染）。

任务四：灯光调节

移动灯光至摄像机右上角（图15-13），复制一个灯光，移至摄像机左上角（图15-14），命名左上角灯光为辅光，右上角为主光。调整辅光灯光强度为80%，主光强度为120%（图15-15）。

任务五：材质调节

双击材质区创建材质，点击材质勾选颜色和反射通道，设置颜色为暗蓝色（图15-16）。

点击反射通道，添加一个反射层GGX，调整粗糙度为29%，高光强度为32%（图15-17）。

点击层颜色调整颜色为浅紫色，亮度为55%（图15-18）。

打开层菲涅尔，调整类型为绝缘体，强度为84%，折射率为2.17（图15-19）。

双击将材质命名为地板，复制地板材质，调整颜色为深紫色（图15-20），分别将两个材质拖到相对应位置（图15-21）。

接着继续创建材质球，单独勾选反射通道，点击反射通道，添加GGX反射层，调整粗糙度为30%，层颜色为黄色（图15-22）。

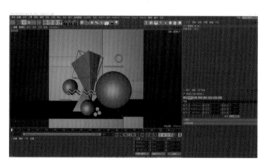

图15-12

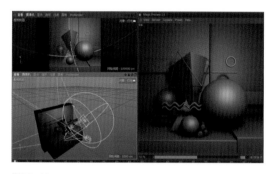

图15-14

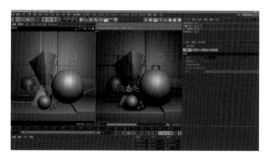

图15-13

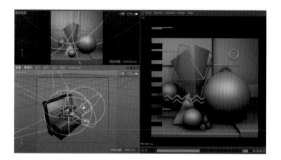

图15-15

　　命名为金属，复制一份金属材质，单独把层颜色调整为白色（图15-23），分别把材质给到相对应的模型中（图15-24）。

图15-16

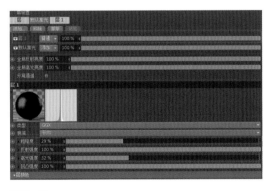

图15-17

图15-18

图15-19

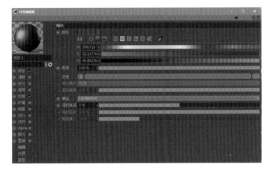

图15-20

图15-21

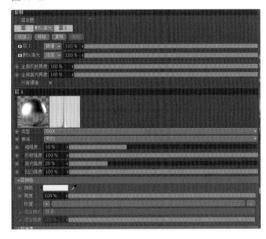

图15-22

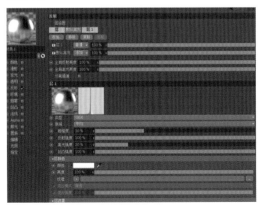

图15-23

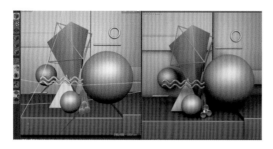

图15-24

点击Alpha通道，拖入一张贴图（图15-36），放入中心球体中（图15-37）。

然后渲染出图（图15-38），查看图片（图15-39），最终完成。

任务六：布料材质

新建材质，添加织物层（图15-25），点击层布料，设置缩放U为50%，V为50%。调整层颜色为地板颜色（图15-26），点击颜色通道，调整颜色为地板颜色（图15-27），命名为织物，复制一份织物材质，调整颜色为紫色，分别放入对象模型中（图15-28）。

新建材质，双击材质，勾选颜色和反射通道，点击颜色通道调整颜色为浅蓝色。复制一份，调整颜色为灰色，分别放入相对应模型中（图15-29）。

新建材质，勾选透明和反射通道，点击透明通道，调整折射率为1.488（图15-30）。

分别放入对应的模型中（图15-31）。

复制一份地板材质，命名为大球体，勾选法线通道，将一张法线贴图拖进纹理中（图15-32）（注意：法线贴图在各种贴图网能下载到，前面说材质基础的时候说明了贴图下载的地址）。接着调整颜色为绿色（图15-33），分别放入相对应的模型对象（图15-34）。

最后新建材质命名为蓝玻璃，点击勾选颜色、透明、反射以及Alpha通道。点击颜色通道设置为蓝色，点击透明通道，调整折射率为1.517，调整颜色为蓝色（图15-35）。

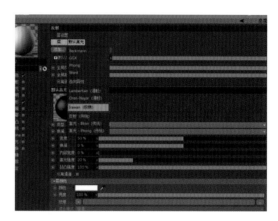

图15-25

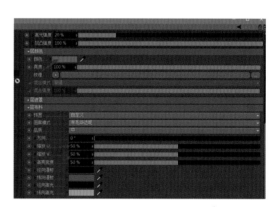

图15-26

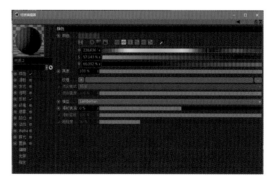

图15-27

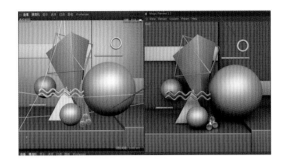

图15-28

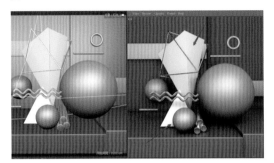

图15-29

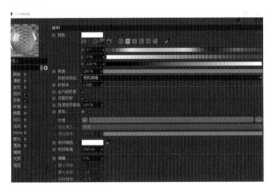

图15-30

图15-31

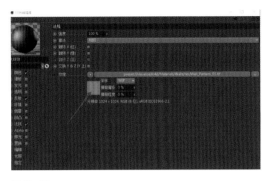

图15-32

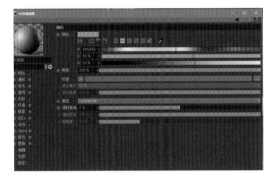

图15-33

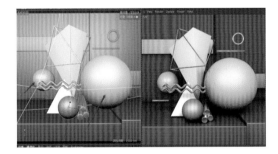

图15-34

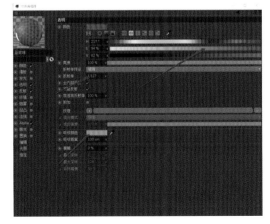

图15-35

图15-36

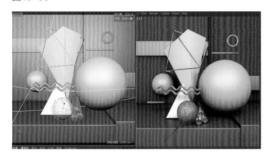

图15-37

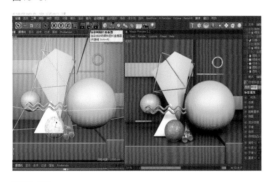

图15-38

图15-39

六、资源推荐

Magic Preview 1.1是一款非常实用的插件，可以将C4D默认渲染器中无法实时渲染这个问题解决掉。

七、课后小结

1. 本模块主要讲述渲染的整个流程，通过摄像机调整构图，调节渲染设置，提高图片的质量。

2. 本章反复通过复制材质节省材质调节的时间，以命名来区分材质的分类。

八、课后作业

1. 在调节渲染设置时需要调整哪些效果？

2. 调节灯光时为什么要调节灯光衰减？

3. 建立几何场景，要求造型准确；渲染场景，要求光感合适、有质感、美观。

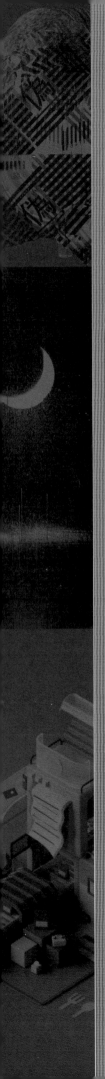

模块十六

焦散效果渲染

MODULE SIXTEEN
CAUSTIC EFFECT
RENDERING

授课建议 ///
建议7课时（理论4课时，实践3课时）

课前准备 ///
1. 掌握灯光的基本参数调节。
2. 掌握贴图的基本调节以及寻找。
3. 熟悉材质的基本参数调节。
4. 渲染设置参数的理解。

技能点 ///
1. 掌握焦散效果的参数添加。
2. 掌握透明材质的折射率和颜色的调节。
3. 掌握渲染设置必要效果的参数。

模块十六　焦散效果渲染

一、授课建议

建议7课时（理论4课时，实践3课时）。

二、课前准备

1. 掌握灯光的基本参数调节。

2. 掌握贴图的基本调节以及寻找。

3. 熟悉材质的基本参数调节。

4. 渲染设置参数的理解。

三、技能点

1. 掌握焦散效果的参数添加。

2. 掌握透明材质的折射率和颜色的调节。

3. 掌握渲染设置必要效果的参数。

四、素养点

1. 液体的调节往往可以给画面带来不一样的质感和氛围，也是渲染中一大重点。在一张渲染图中，往往也是主要塑造的对象。

2. 在渲染时一定要统一风格，不同风格的出现会使画面混乱，无法突出主体。

五、主体内容

任务一：模型场景搭建

创建模型场景（图16-1），新建摄像机，设置整体的构图（图16-2）。

打开渲染设置，设置渲染器为物理渲染模式（图16-3），点击下方的效果勾选焦散、全局灯光、环境吸收、对象辉光（图16-4），点击插件，将Magic Preview 1.1打开拖入画面中心（图16-5）。

建立一个点光源放入杯具的右上方（图16-6），点击灯光设置投影为阴影贴图（软阴影）（图16-7）。

图16-1

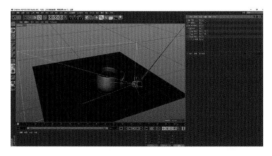

图16-2

图16-3

图16-5

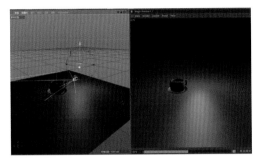

图16-4　　图16-6

任务二：材质调整

双击材质区，点击材质，勾选透明反射通道（图16-8）。

点击透明通道，设置折射率为1.31，命名为玻璃，并且将材质放入杯子和杯盘（图16-9），再次新建材质，勾选颜色和反射通道，命名为地板。打开地板材质，点击反射通道，添加GGX层（图16-10），点击菲涅尔层，设置菲涅尔为绝缘层，折射率为2，粗糙度为9（图16-11）。

图16-7

图16-9

图16-8

图16-10

图16-11

图16-12

任务三：透明材质

新建材质，命名为液体，勾选透明和反射通道。点击透明通道，调整颜色为红黄色，折射率为1.356（图16-12），将液体材质给到相对应的模型中（图16-13）。

图16-13

任务四：焦散效果调节

点击灯光，找到下方的焦散，勾选表面焦散（图16-14），将光子数量调整为20000。

点击渲染设置，勾选焦散效果，调整强度为200（图16-15）。

最后就是最终的渲染设置，将插件关闭，勾选渲染设置的环境吸收和全局光照，并且将全局光照中的二次反弹改为辐射贴图，采样调整为高（图16-16）。接着点击图片渲染等待即可（注意：这些设置在前面是不需打开的，因为默认渲染的效果打开预览会非常慢，所以只需要在最终渲染出图时打开即可）。渲染完成（图16-17）。

图16-14

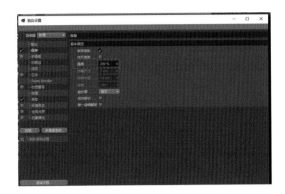

图16-15

图16-16

图16-17

六、资源推荐

HDR Light Studio是一款专业级高动态范围3D渲染软件HDR制作软件，能够帮助3D艺术家快速设计、创建、调整HDRI高动态范围照明/反射图，包括摄影工作室光照效果。搭配着渲染器使用能够高效地完成布光和场景环境的搭建。

七、课后作业

1．焦散效果如何调整?

2．折射率的含义是什么?

3．建立杯子场景，要求造型准确;渲染场景，要求质感准确，光感良好。

附件

THE ATTACHMENT

一、Octane渲染器介绍

二、认识Octane渲染器

三、OC灯光

四、OC材质

五、OC摄像机

六、材质节点

七、OC渲染添加设定

八、OC渲染输出

九、体积分布和体积对象

十、OC台灯场景渲染

十一、作品欣赏

附件

一、Octane渲染器介绍

Octane介绍

Octane全称Octane Render，属于Efractive Software的渲染器（图1），应用于Windows系统，简称为OC渲染器。Octane Render是世界上第一个真正意义上的基于GPU、全能、基于物理渲染的渲染器。只使用计算机上的显卡，就可以获得更快、更逼真的渲染结果。

图1

Octane主要用作材质渲染，对比真实的物理渲染，显得更真实。能完美渲染水晶玻璃材质，摄像机辉光效果也不错。渲染速度也比较快，还有实时预览功能，所见即所得，可以一边设计一边看效果。相比传统的基于CPU渲染，它使得用户花费更少的时间就可以获得十分出色的作品。

Octane Render不仅快速，而且完全交互，允许你以过去想都不敢想的工作方式去工作，例如编辑灯光、材质、摄像机设置、景深等，你还可以实时获得渲染结果。它也允许以超乎你想象的速度去工作。在新的渲染方式下，你将更像是一个摄影师一样去探索你的场景。

Octane安装说明

（一）Windows系统

要求是NVIDIA英伟达显卡，简称N卡，不支持AMD公司芯片的显卡，简称A卡。Octane对于显卡版本也是有相对应要求的，Octane作为GPU渲染，对于硬件的要求也是非常高的，当然也就是显卡越好渲染的速度越快。下面看Octane版本对应的显卡要求（图2、图3）。

9系(麦克斯韦架构)	3.07版本	4.0版本	
GTX 960	52	55	
GTX 970	81	93	
GTX 980	98	112	
GTX 980 Ti	130	156	较为耗电
10系(帕斯卡架构)			
GTX 1050 Ti	51	54	
GTX 1060-3G	79	83	
GTX 1060-5G	80	86	
GTX 1060-6G	84	94	
GTX 1070	117	132	
GTX 1070 Ti	135	152	
GTX 1080	135	149	
GTX 1080 Ti	187	218	较为耗电
GTX Titan X	139	156	
GTX Titan Xp	197	241	极其耗电
20系(图灵架构)	此架构不支持3.07破解版		
GTX 1650		78	
GTX 1660		114	
GTX 1660 Ti		131	
RTX 2060		162	
RTX 2070		207	较为耗电
RTX 2080		220	较为耗电
RTX 2080 Ti		302	极其耗电
Titan RTX		321	极其耗电
GTX Titan V (伏特架构)			

图2

GTX Titan V-伏特架构		398	极其耗电
旧平台(开普勒及费米架构)			
GTX 770	47	78	
GTX 780	75	89	
GTX 780 Ti	90	118	较为耗电
GTX 690	45	72	
GTX 590	44	无测评数据	
GTX Titan	80	98	
GTX Titan Black	82	111	
30系列(安培架构)	此架构不支持3.07破解版		
Quadro丽台系列			
P400	11	无测评数据	
P600	22	26	
P620	无测评数据	29	
K1200	无测评数据	31	
P1000	35	38	
K2200	32	37	
M2000	31	41	
P2000	63	65	
K4000	20	18	
K4200	35	30	
M4000	56	61	
P4000		114	
RTX 4000	不支持3.07	194	极其耗电
K5200	57	无测评数据	
P5000	119	140	
K6000	76	92	
RTX 5000	不支持3.07	202	
RTX 6000	不支持3.07	309	极其耗电
M6000 12G	不支持3.07	115	极其耗电
Tesla P100	230	238	极其耗电

图3

通过上面两图可发现3.07版本的Octane只支持10系以下的显卡版本，并且C4D软件版本最高支持C4D R19，不支持R20以及更高版本，其中一个不满足都无法使用3.07版本。3.07版本Octane简称和谐版本，也就是免费使用的版本。当然有些旧的平台也能使用，但是一碰到稍微大的场景就会崩掉。那么在大于10系小于30系的可使用练习水印版，试用版时间上没有限制，但对功能做了部分限制，详细如下。

1．最大渲染分辨率被限制为1000×600。

2．渲染输出的图片或者视频带有Octane微标和条纹水印。

3．LiveDB在线材质库不可访问和使用。

4．没有网络渲染功能，也就是没有渲染农场，不能在云端渲染。

5．必须使用R20及以上的C4D版本。

最后就是30系以上显卡的使用者，只能去官方购买相关的正版账号才能使用。

1．首先登入OC官网：https：//home.otoy.com/（图4）。

2．在网站页面右上角点击登录，账号密码是你在C4D登录OC时用的账号密码，如果有账号，直接跳过烦琐的注册阶段（图5）。

3．可以直接使用QQ邮箱或者163网易邮箱，填写相关信息，这里电子邮件地址直接填写QQ邮箱，人机身份验证就是需要科学上网才能出来（图6）。

4．登录账号之后，就可以进行订阅购买了（图7）。

这些就是Windows系统对于Octane的要求和限制，一定要选择适合自己的，初学者最好使用试用版本和和谐版本加固练习。后期对于Octane掌握熟练了，自然就会产生对于正版的渴望。正版的功能会比之前版本有所升级和更新，最好先去学习下再去使用，每一个渲染器版本的流程都会不同。

报名

图5

图4

图6

（二）Mac系统

对于Mac自然是没有Windows这么复杂，毕竟也是近期才研发出来。自Octane X发布，绝大部分的Mac电脑也能够使用上OC了，具体是需要MacOS Big Sur 11.1，带有AMD GPU或Intel SkyLake GPU，以及能够支持最新Apple M1 GPU，也可以申请试用版本或者购买正版（图8）。

1. 右击C4D，找到文件所在位置，找到plugins这个文件夹（图9），若没有此文件夹自行创立即可。

2. 接着把下载好的Octane，放进这个文件夹（图10），若C4D是打开状态安装的，需要重启软件，Octane才能正常运行（注意：Windows一定要注意版本，安装3.07版本只能在C4D R19且显卡10系以下。水印版的Octane只能在R20以上版本且显卡是10系以上30系以下，30系显卡只能购买正版才能授权）。

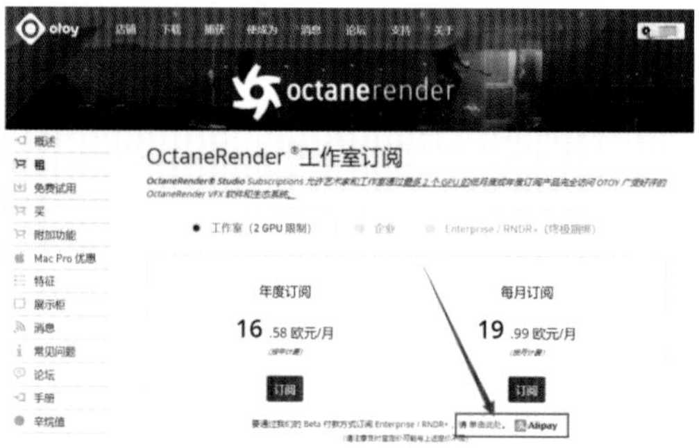

图7

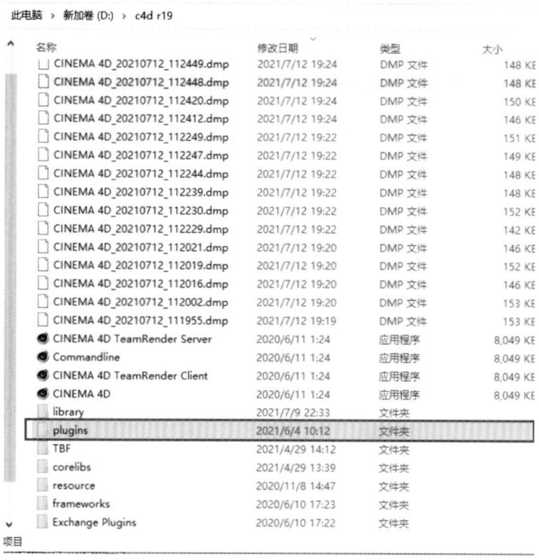

图9

图8

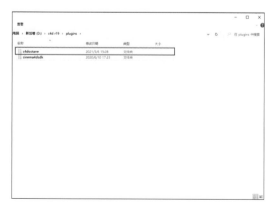

图10

二、认识Octane渲染器

Octane界面认识

安装好Octane后，在C4D上边栏中可找到Octane的启动界面，单击出现Octane的三大界面，分别是Octane Dialog（中文是OC对话栏）、live viewer window（中文是实时渲染窗口）、Octane setting（中文是OC设置）。（图11）

点击live viewer window拖动左上方吸附到工作台左边（图12），点击Octane Dialog拖入图层对象栏上（图13），这样最基本的OC工作界面就基本完成。

（一）live viewer window界面介绍

接着新建一个球体，点击实时渲染窗口上的渲染开始按钮（图14），这样就完成了一次渲染（图15）。

接着往右边一个是刷新栏，当有渲染错误或延迟渲染时可点击（图16），再右边是停止渲染，当渲染时出现想更改效果时，可点击此处。继续往右边是Octane的渲染设置，此功能后面会详细讲解（图17）。

接着往右边是渲染锁定，可以将画面锁定住，工作台无论如何去移动渲染画面都不会有所改变（图18）。

往右边是材质的预览模式，分别有源材质、无反射材质、无材质三个模式，一般在观看光影效果时去切换（图19）。

接着右边是区域渲染模式，一般在想单方面渲染某个区域时使用（图20）。

继续往右边是选择焦点和拾取材质，F按钮是在摄像机景深效果聚焦时，需要把焦点定在某个模型时使用，能大大提高渲染对比效果；

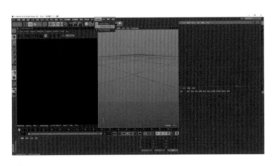

图11

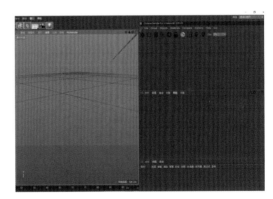

图13

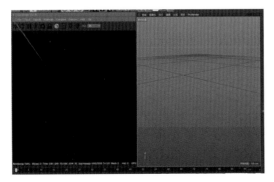

图12

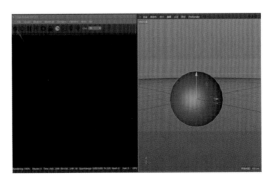

图14

M按钮是在材质需提取出来时用到（图21）。

右边的下边栏是通道渲染模式，这个一般不去设置，默认就好（图22）。

小贴士：最后说一种画面锁定渲染，且能看到整体画面的效果方法。首先需要把画面锁定打上锁，接着在通道渲染模式的右边，会出现数字（图23），当你把数字调小时会发现渲染窗口的图片变小，这样就能看到整体的效果（图24），方便后期调整画面效果。

接着往上面看，主要讲解重点部分，单击objects（图25），会发现有很多按钮，这些分别是Octane camera（摄像机对象）、Texture Environment（颜色环境）、Hdri Environment（Hdri环境）、Octane Daylight（日光）、Octane Arealight（区域光）、Octane Targetted Arealight（目标区域光）、Octane les Light（les光）、Octane Scatter（OC的克隆对象）、Octane Fog Volume（体积雾）和Octane Vdb Volume（体积对象）（注意：每个OC版本的界面都会有所不同，但是每个功能的分布都是一致的，所以以大家去找界面时，对应着图标和名称去识别）。往右边走点击materials，就是材质栏（图26），这里面大部分是默认就好，只讲解材质部分。第一个是Octane Diffuse Material漫反射材质（图27），第二个是Octane Glossy Material光泽材质，第三个是Octane Specular Materia透明材质，第四个是Octane Mix Material混合材质。前期学习的话，实时渲染窗口的界面中的功能知道这些便可。

（二）Octane setting 渲染设置

在上边栏上点开Octane，找到setting（图28），大部分参数是不需要调节的，主要去设置一些关键性的参数。

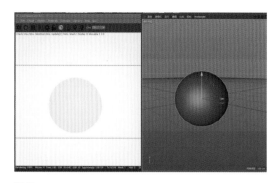

图15

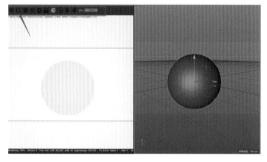

图16

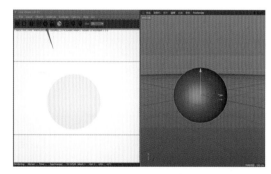

图17

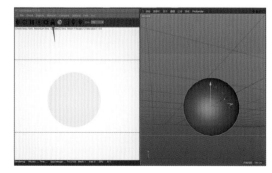

图18

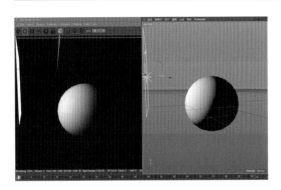

图19

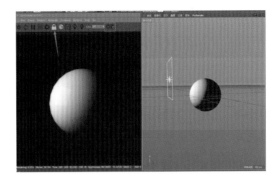

图23

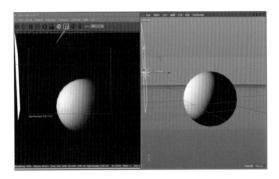

图20

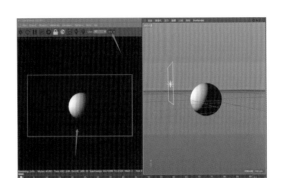

图24

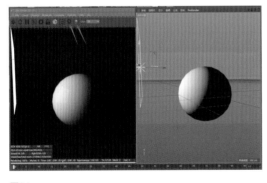

图21

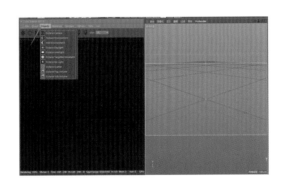

图25

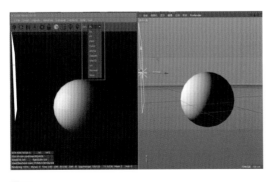

图22

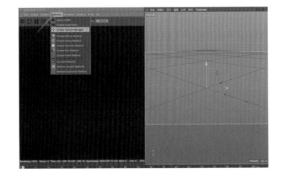

图26

kernels（核心）：Max.samples（最大采样）：测试用500～800，渲染用1600～3000～5000（图29）。

diffuse depth（漫射深度）、specular depth（折射深度）：9～10（图30）。

caustic blur（焦散模糊）：0.1（图31）。

adaptive samples（自适应采样）打钩。cameralmager（摄像机成像），response（镜头）改为linear（图32）。

gamma（伽马）：2.2～2.5，一般来讲是能明显调高亮度，设置完后需要保存（在presets中点击add new presets，命名后点add presets）。

（三）基本渲染设置概述

1. 核心：模型有一些颜色、反射，而核心决定这些数据输入到场景的方式。

2. lnfochannels信息通道：渲染不同信息的信息，在"类型"里可选线框、顶点法线等。

3. Directlighting直接光照：比较快速地渲染核心，但相对于路径追踪，缺失一些真实性。

4. Pathtracing路径追踪：最常用的渲染方式，在渲染透明材质会有更多焦散。

5. PMC：最慢但效果最好的渲染方式，适合做内部需要光线足够多的室内渲染。

（四）直接光照主要参数

1. Max.samples最大采样：对渲染影响最大的数值，决定每个像素要不停发射光线的次数，采样即每个像素发出的一束光线。在OC实时查看器里的下方UI里有"Spp/maxspp"，表示光线发射的进度。"Ms/sec"表示渲染速度，单位Ms。

2. GI（全局光照）模式：其中漫射是真正的全局光照，也是渲染速度最慢的模式。对于光泽、透明材质，环境遮蔽和漫射看不出明

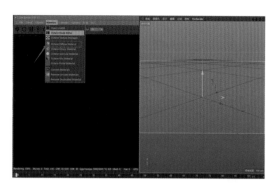

图27

图28

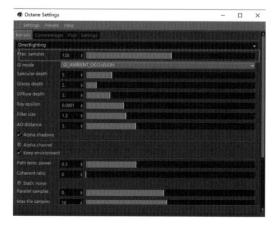

图29

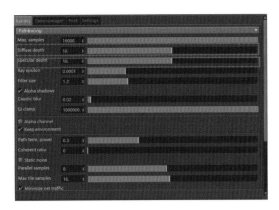

图30

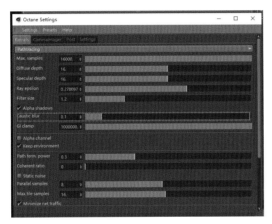

图31

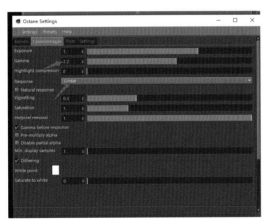

图32

显区别，但环境遮蔽对于漫射材质的背面不会有太多光线跳跃，即背面的阴影会很重，没有漫射亮。环境遮蔽满足大多数情况，在渲染漫

射材质的背面可以改用漫射。

3.折射、反射和漫射深度分别对应透明、光泽和漫射材质，是折射光线、反射光线、漫射光线收集对应材质的光照信息的深度（每种光线跳跃的次数）。

（五）Pathtracing路径追踪主要参数

光线打到对象的第一束光线都可以视为漫射光线，GI也属于漫射深度光线跳跃的一部分，折射、反射光线则被折射深度控制。

（六）Octane摄像机成像概述

摄像机成像：相比核心控制渲染效果，摄像机成像是控制渲染后的后期效果，是在渲染的基础上进行二次调节。

高光压缩：修剪过度曝光区域，找回更多的细节。

噪点移除：参数越小，噪点越少，丢失的细节与清晰度越多，一般不低于0.95。另一种方法，是在核心面板里的GL修剪，它决定光线可以跳跃多少次，参数越小噪点越少，但会影响透明材质的焦散。一般建议从1开始往上调，每次增值为5。

禁用部分Alpha：防止由于Alpha导致边缘出现渐变过渡问题。一般不勾选，它会使边缘有一个非常不自然的硬边。

抖动：故意增加一点点的噪点防止color banding（色彩带）问题，因为渲染太干净，细节太多造成颜色冲压。

饱和度至白色：值越大，饱和度越高的地方越会发白。该数值适合做霓虹灯。

调整基本界面设置：

改变环境光：第一种方法，创建一个OC HDRI环境，点击环境标签，再点击着色器进入RGB光谱即可修改。第二种方法，在渲染设置里的设置中点击环境，修改环境颜色即可。

三、OC灯光

OC灯光的使用

照亮场景除了三种类型的灯光，还有其他照亮方式：太阳光、HDRI环境或者纹理环境。OC区域光的灯光标签—灯光设置面板：

1．启用：灯光的开关，但在关闭时还会有一点微光（可能是bug）。

2．类型：黑体，色温会改变灯光，与色温是动态相连的。切换成纹理（通过纹理改变灯光），下方的色温滑块也会消失。

色温只能改蓝、白、黄、红色灯光，要某种具体颜色（如绿光）就要改成纹理。需要注意的是在使用黑体发光模式时，色温滑块下方也有个纹理，此纹理也会受色温影响，所以尽量在使用黑体时关掉此纹理。

能用OC的效果尽量用OC的，用C4D的会多一些计算。

3．分配：改变灯光的分布。可使用IES文件（存储了光域网，光源亮度分布的三维表现形式）去改变灯光的分布。

另外注意，在不同位置拖入IES会有不同的参数，在外面拖入灯光方向只能朝下投射，旋转并不能改变灯光投射方向。

外面相当于直接把图给上去了，里面相当于加了一个图片图层。

4．表面亮度：灯光亮度随着灯光尺寸缩放大小，而变亮变暗。取消此项，尺寸放大亮度变暗（灯光的光线数量不变，尺寸放大自然变暗），尺寸缩小亮度没有变化。

5．双面：正面、背面都有灯光。

6．标准化：让场景不会过暗。灯光尺寸过大，取消"表面亮度"时场景变暗，勾选此项就可让场景多一些亮度；但无法恒定过亮的

场景，这时只能调整功率。

调整灯光亮度的大致流程：先确定灯光尺寸大小，取消表面亮度，勾选标准化，再调整功率确定亮度。可通过调整灯光大小，来调整阴影的软硬边，尺寸越大阴影边越柔和。

7．采样率：光线收集数据的等级，在场景有两个灯光时对比会更加明显，采样率越大的灯光，颗粒感越少，场景越干净。

8．使用灯光颜色：勾选此项，则与C4D的灯光颜色动态相连，是不使用纹理发光的另一种方式。

9．透明度：决定灯光是否显示，以及透明度多少。

OC区域光的灯光标签—可视面板—阴影可见性：这里的阴影指的是灯光本身的阴影。

OC太阳光

OC日光标签—主要面板：

1．浑浊：参数调高，会降低场景内的对比度，扩大高光区域；降低则增加噪点，缩小高光区域。

2．向北偏移：旋转天空的太阳。

3．太阳大小：需要将坐标轴拉到场景上空，才能调整太阳大小。太阳变大，阴影边变柔和，变小阴影边变硬朗。

4．新模式：关闭则是用的老版默认的OC天空，不能修改天空颜色。

5．混合天空纹理：打开此项，场景就只剩下太阳，背景变成纯黑，这时就可以和HDRI环境相结合使用。

6．重要性采样：默认关闭，建议打开，主要作用是聚集环境进行重要采样，把通过环境光带来的光线进行清理，使地板、对象、阴影更干净一些，尤其在结合使用HDRI环境的时候更加明显。

使用纹理作为光源

1．进入着色器，拖入一张图片作为纹理，点击"UV变换"下方的投射，弹出新的参数框，"边框模式"选择"黑色"，"纹理投射"选择"透视"，"变换类型"选"2D_TRANSFORMATION"（使用的是2D图像，所以用2D变换；如用的是其他投射类型比如3D噪波，变换类型也要做相应的改变）。

2．"变换类型"，锁定长宽比，调整此"S.X"参数，再缩放灯光足够小，直到纹理被清晰地投射出来。

3．这时候的图像是上下颠倒的，改"R.Z"为180。图像还是左右相反的，这时候先确定宽高比，比如0.45，再取消"锁定宽高比"，"S.Y""S.Z"也改为0.45，但"S.X"改为−0.45（即水平翻转）。

需要注意的是，这时候移动灯光不再是移动，而是改变投射的纹理的大小。

使用HDRI和纹理环境对象

1．点击这两个图标可以来回切换纹理环境、HDRI环境，不需要另外添加。再次点击相同图标可以清除。

2．重要性采样：尝试收集场景里所有被HDRI光照的对象数据。打开渲染速度变慢，噪点变少，取消则相反，但有的HDRI里打开关闭此项，噪点相差不大，需灵活开关此项。

3．类型—可见环境：此项可以单独控制场景里三种光线是否显示背板（HDRI光照）、反射、折射。如果想创建背景纯黑，由灯光照亮材质，但材质显示的是HDRI光照信息的场景，先关闭背板，打开反射、折射，再新建一个灯光，可以创建。如果想创建背景白色或其他颜色，但材质显示HDRI光照信息的场景，要创建两个HDRI，一个加载了HDRI，类型为主要环境，另一个点击纹理环境图标，加载RGB颜色，类型为可见环境，仅背板打开。

HDRI与太阳光的结合使用

1．新建OC日光对象、HDRI环境，两者结合使用时，OC日光一定要在HDRI的上面。然后打开OC日光标签里的"混合天空纹理"。

2．日光标签里的浑浊度会影响OC、HDRI的权重，降低到最小值2，大部分是OC光照；提高到最高值15，则大部分是HDRI照亮场景。但在直射光的HDRI里，浑浊度并不能完全调整两者的影响，还是会出现两种光照的阴影，建议使用更为柔和的HDRI。

3．如果要隐藏场景里OC的太阳，避免材质反射这个虚假的太阳，需要两个HDRI，上面的为主要环境，下面改为可见环境：发射、折射打开。

4．如果HDRI的重要性采样已打开，场景里的噪点还是很严重，这时候就需要打开日光标签里的重要性采样，因为现在是通过OC日光对象来控制这个HDRI。

使用带材质对象作为光源

推荐使用漫射材质，透明材质也能发光，但它比较复杂，渲染速度比较慢。两者的效果相差不大，除非是必须要，否则不建议用透明材质。光泽材质不能发光。

材质编辑器—发光通道—黑体发光—表面亮度：打开此项可以平均点亮整个对象表面，而不是纯粹只在多边形聚集的位置点亮。

四、OC材质

漫射材质

漫射材质是用来创建任何类型的漫射对象，用来模拟现实生活中的漫射现象，就是任何带有硬度和粗糙度的东西，基本上就是木材、石头、塑料，任何粗糙、表面有颗粒感的东西，比如严重生锈的铁（可能带点光泽）。漫射材质基本上是光撞到对象然后反弹，整个漫散开来，不允许光穿透。对象在默认下没有添加材质时，其实就是漫射材质。

材质编辑器

1. 漫射：指颜色。调整HSV的V（明度）值时，会取代浮点值，调整HS不会取代。只有在V为0时，浮点值才会启动。

黑白边缘不够锐利，可在OC渲染设置—设置—C4D着色器里，提高渲染尺寸即可。在修改后，实时预览时会变慢，建议先设置低解析度，渲染时再调高。

2. 粗糙度：默认是带有一点粗糙度，浮点可以调整得更为粗糙。

3. 凹凸：读取凹凸贴图为操作。凹凸贴图是个能在3D使用的黑白图像，可以在对象表面创建假阴影细节。

立方体的凹凸、阴影只是假象，可以节省很多渲染时间。

4. 正常（也叫法线）：很像凹凸，区别在于法线贴图更强大，可以将表面处理得更加光滑。法线贴图看上去是紫色的，但实际是建立在RGB值上。需要注意的正确的添加方式是，先添加图像纹理，进入到图形纹理里添加法线贴图。

强度的数值是可以超过1的，手动打上40、50都可以加强效果。法线贴图建立的颜色不能和伽马值同时操作，此处的伽马值是失效的，伽马值一般用来调整对比度。

5. 置换：置换通道与凹凸、法线通道相比，最大的区别是它让对象产生实际的形变，而不是光线模拟的结果。其中数量数值越大，形变越强烈。

6. 公用：蒙版和透明度通道一样可以使镜头看不到，但不同的是蒙版可以让光线依然作用于对象；而且在OC渲染设置—核心里，打开Alpha通道，依然可以保留其效果，这是个能够将场景里的对象和其他场景合成的强大方法。

C4D着色器和渲染设置里的一样，但前者是基于每个材质的分辨率调整，有个默认设置，就是跟着在OC渲染设置里C4D着色器所设置的渲染尺寸走。

光泽材质

光泽材质特别适合用在抛光的石头、地板砖，3.08版本有专门的金属材质，3.07版本没有。

材质编辑器

1. 镜面：C4D默认镜面设置是假镜面高光，而OC代表的是光泽度，真实反射，是100%物理准确的光。这里的浮点值为0，代表黑色，没有反射效果；为1代表白色，给出100%的反射效果。

2. 粗糙度：决定材质反射的粗糙度，它不接受HSV的色彩值，只能调整是否粗糙和它的粗糙度，一般调整到0.1会是较为真实的数值。漫射、镜面、粗糙度都有一个纹理可以来控制，而在纹理下面的混合可以调整HSV或浮点值与纹理混合的权重。

3. 各向异性（3.07版本没有）：一项能在对象上创建一些密集不完美和角度变换反射的功能，几乎和凹凸贴图一样，但各向异性不会创建阴影细节，而且更加微观，类似斑驳或涂料（跟粗糙度一起使用，越粗糙越明显）。

4. 耀光（3.07版本没有）：添加纹理（例如RGB颜色）后才会启动，它会在对象材质边缘创造出光泽感的耀光效果。粗糙度越高，耀光会越往对象中心靠，看起来越像蓬松的绒毛，可以很好地模拟布料。但要注意镜面和耀光同时存在时，镜面反射的光泽越高，耀光效果越不明显，镜面的浮点值为1时，耀光就会被取代。

5．索引：OC默认打开菲涅尔或反射强度衰减效果（C4D默认不打开），菲涅尔是会在对象边缘创建更多反射，而中心创建较少反射的一项控制，由索引通道控制，数值越低衰减越多，当数值为1时会关闭所有菲涅尔，从任何角度看都是100%纯反射的效果。建议数值为1.45，最为接近大部分现实对象的衰减。

透明材质

镜面反射材质是一种透明、像玻璃的材质，也适合一些人眼看不透但光线能穿透的，例如QQ糖之类的软糖，甚至皮肤、食物之类的。

材质编辑器

1．粗糙度：可以影响焦散效果。

2．反射：调整材质实际的外在反射强度。数值越低，反射的光线越少，高光也越少，为0时连高光都没有。尤其在HDRI下，反射光线越少，材质表面越不会显示HDRI的光照信息。

3．色散：让你能够将光线中的颜色，区分开再混合在一起的一项设置，类似棱镜片将光散射的效果。这项通道很强大，但也很考验软件的运行能力。

4．公用：影响Alpha，启用此项后，让透明材质的对象不再折射来自Alpha对象光线（但表面还是会显示反射之类的效果）。

混合材质

节点编辑器：如果只添加一个材质，另一个空白材质默认为漫射材质。点击数量下方的着色器，里面有个浮点可以调整两种材质的混合比例。

OC材质管理器

当纹理贴图的文件移动了位置，失效时的补救方法：

上面的放原先旧的位置，下面放实际存放的位置，两个位置链接的后面必须加上"\"（回车键上方，这个符号代表空间将打破，加上这个软件才不会认为最后一个文件夹是文件）。

在OC渲染器里，用C4D着色器拉近对象看细节是像素方块，OC自己的着色器是类似矢量图没有像素方块的。

五、OC摄像机

摄像机概述

1．摄像机当中的C4D功能只有对象、坐标和基本面板能用，其他物理、细节等C4D功能中的大部分参数不能在OC中使用。

2．OC摄像机标签—基本面板：

摄像机类型—薄透镜：标准摄像机镜头，也就是视图里的默认摄像机镜头。

全景：360°的HDRI环境。

烘焙：看材质的UV纹理。

景深

1．OC摄像机标签—常规镜头：汉化版两个光圈，对应英文版上面的光圈的是aperture，小孔、缝隙（尤指摄影机等的光圈）孔径。下面的光圈英文版是f-stop，光圈、光圈级数、光圈范围、级数、光圈值。光圈值越高，光圈越小景深也越少，光圈为0时没有景深。

2．C4D摄像机—对象—焦点对象：可创建一个空对象作为交点对象，然后就可随意调整位置来对焦（对做动画而言此项控制极其重要）。建议操作：OC实时预览窗口为摄像机视角，C4D透视窗口切换到顶视图，顶视图显示为光影着色，改为透视图，即可在透视窗口下随意调整，而OC窗口的视角不会变动。

景深与薄透镜设置

C4D摄像机—对象—焦距：改为50。

OC摄像机标签—常规镜头：

1. 如要手动调整景深，需关闭自动对焦。

2. 光圈纵横比：为1时散景为正圆；小于1圆往横轴拉伸，类似酒桶；大于1圆往纵轴拉伸，类似数字"0"。

3. 光圈边缘：为1时，散景边缘会很柔，为3时则比较硬。

4. 散景边数、散景旋转、散景圆滑：散景，摄影中的一个术语，通俗来讲就是图像中由光线形成的模糊小圆圈。散景圆滑为1时，散景边数失效。

5. 像素纵横比：类似光圈纵横比，但是对整个画面进行横纵轴拉伸。

6. 透视校正：因为摄像机焦距透视导致近大远小，不会垂直于画面，而透视校正会让整个画面看起来笔直，可用于建筑渲染。

7. 近裁剪深度：类似让摄像机透过墙体拍摄屋内，即让摄像机无视镜头前一部分去拍摄。

8. 远裁剪深度：从远处开始无视场景一部分拍摄。

9. 扭曲、镜头偏移：摄像机位置不变、镜头不动的情况下，画面可以显示上下左右原本摄像机拍不到的画面。扭曲可加上弯曲效果。镜头偏移最后一个参数为Z轴无效。

使用运动模糊

OC是透过帧数运算，比较场景里对象在动画帧数间的动作而加上运动模糊。给对象加上OC对象标签，在运动模糊面板里，对象运动模糊里有两个选项需要酌情选择：变换，根据对象的坐标轴移动而加模糊；变换—顶点，对象没有移动但有形变（如扭曲变形器下的形变动画），根据对象的顶点运动而加模糊。

OC摄像机标签—运动模糊面板

1. 快门【秒】：时长越长，图像越模糊。设置最佳方式是，1/（帧率×2=快门速度），这个数值较为接近现实，也可以直接1/帧率得到更高的运动模糊。

2. 时间偏移【秒】：运算当前场景里的前后帧；大于小于0，动画效果会提前或往后；等于−1或1，运动模糊失效。这个参数不常用。

3. 运动模糊缓存：只会影响OC实时预览窗口，对图片查看器和最终渲染无效。

将它提高，可以缓存更多动画的关键帧，方便进行实时预览运动模糊效果。

4. 快门对准：与运动模糊缓存相配合使用，它能够根据动画时间轴上的时间指针，来确定运动模糊被缓存的位置。

如果对象的运动速度过慢、运动动作过小，快门时间可以设置过长，也是能产生运动模糊的，但因为运动中的步幅过少计算不准确。可在C4D渲染设置里，渲染器换成OC，Octane Render—主要：每帧时间采样改为4，意为每一帧提高4倍的采样值，这样便会给出更多的运动模糊细节。这项参数上面有个运动模糊：完全运动模糊，意为场景里所有类型的运动模式都会被计算到图片查看器；摄像机运动模糊，意为只有摄像机的模糊效果显现。

如果OC实时窗口还没看到模糊，OC摄像机标签—运动模糊面板里的启用要打钩。

窗口菜单栏—选项—交互式运动模糊里的所有选项打钩；查看OC对象标签里的对象

运动模糊有没有选对。bug：调整部分参数无效，需要时常重启OC渲染器。

六、材质节点

节点简介

可以按住鼠标左键框选，鼠标中键可以导览视角，可左键按住材质节点里通道左边的黄点来取消与控制器节点的连接，右击网格空白处可以添加控制器节点。编辑器左边的控制器节点列表，是可以鼠标中键按住上下拖动。节点界面右下方的黄色四箭头朝外方向的小图标，是可以左键按住拖动编辑节点界面的大小。

节点之间的连接线白色表示已连接，黄色表示未连接。网格里两条黑线交叉点是整个编辑器的中心。

网格右边的空白面板是显示控制器节点的参数面板，点击节点如果没出现，需要在节点编辑器菜单栏—编辑—编辑控件打钩。

点击材质节点里的各个通道，也是有参数可控制的，这是材质节点本身的参数。但如果有控制器节点连接了此通道，它会覆盖此通道的参数。如果再次断开控制器节点与材质节点的连接，此时此通道的参数是连接前调整过的，但OC实时预览窗口里显示的是默认参数下的材质，需要重启OC。

在节点编辑器菜单栏—编辑—自动加载材质，在有多个材质下，点击哪个材质，节点编辑器自动加载哪个材质。

图像纹理节点
着色器详解
1．强度：控制输入强度，控制这个图像纹理输入到漫射参数里的强度。点击右边的纹理，会添加一个浮点纹理来代替，控制这个输入强度，大部分时间用不到，除非是需要使用同一个浮点纹理节点来控制多个图像纹理。

2．伽马：基本上是对图像部分区域的亮度和对比度进行调整。提高伽马值会让较暗的区域更暗，较亮的区域更亮，整体来说会提高图像的对比度；降低伽马值会降低图像对比度，把它逼向白色，变成低反差图像。OC默认伽马值在2.2。

3．反转：反转图像色彩。

4．边框模式：黑色意为除了图片本身，外部都是黑色；白色，图像外边为白色，得到一些Alpha颜色控制；包裹，用于地面，图像会无限平铺；修剪值，夹紧边缘的颜色并无限伸展它；镜像，图片上下镜像并无限平铺。

5．类型：选择图像识别类型的设置—正常（法线）：通过识别颜色和其他图像数据来进行图像识别。浮点：只会运算图像的黑白值，因为不运算图像色彩，这个类型可以节省所占显存空间，例如在凹凸通道可以使用此项。

6．UV变换：点击后会有单独的节点来控制，它的功能是对映射在对象上的图像进行移动、缩放等操作。

7．投射：改变图像纹理和材质投射到场景的方式。

8．重载：如果图像是个PS文件，在修改PS文件后，可点击此项重新加载图像。

9．编辑：打开这个图像文件的应用程序，是PS文件就会打开PS。

10．定位（3.07版本没有此项）：图像文件不见，点击此项定位。

高斯光谱节点
1．这个节点根据现实可见光的波长来显示颜色，光谱的范围为400纳米～700纳米，而

OC应用的是0~1的比例值，0是400纳米，1是700纳米。高斯光谱节点—着色器—波长，可以当成是色彩值的设置；而宽度可以当作饱和度，提高到1会得到纯白色（相当于所有的颜色合并），参数越低彩色越强烈。最后的强度代表颜色的功率亮度。

2．RGB光谱节点虽然也能设置色彩，但有一些特定效果是需要高斯光谱节点才能发挥出100%。例如用高斯光谱节点改变对象表面发射的光的颜色，因为OC是光线渲染，基于红蓝绿运算法下运行的RGB光谱，也必须在显示渲染画面前转换到高斯光谱系统，所以虽然也可以用RGB光谱控制发光颜色，但它并不会以当前RGB设置的参数输出。

点节点

所有浮点纹理节点能够设置的值的范围是0到1。

相乘节点：将材质1正片叠底到材质2。正片叠底，是PS中一种效果偏暗的图层混合模式，上图层为纯色层，下图层为背景图，对应OC中就是上图层为材质1，下图层为材质2。

世界坐标节点

此节点只针对渲染OC里的毛发，它的功能是让你能够在渐变节点里控制毛发根部和发尾部分两端的节点。

毛发建立基础过程：先选中对象，再点击C4D菜单栏—模拟—毛发对象—添加毛发，对象管理器会新增一个"毛发"，材质要添加给这个"毛发"，不是添加给对象。

世界坐标节点可以给毛发的颜色添加渐变，但颜色只能是黑白色，也没有参数能调整，这需要在两个节点中间再加一个渐变节点修改颜色。

烘焙纹理节点

此节点的功能是烘焙任何连接到这个输入口的节点（如程序可以生成无限的黑白图像噪波、湍流等），输出成一个平面图像文件。

1．分辨率：烘焙纹理节点里的分辨率要与置换节点里的细节等级一致，才能正常输出。

2．每像素采样：控制烘焙的这个图形，每个像素所得的采样值。如果参数为1，意为每个像素只采样一次，分辨率是1024，那么总共采样1024次。需注意，参数设置得越高，烘焙的时间越长，建议设置为较为中肯的15，视实际情况调整。

3．类型：控制图像的位深设置，LDR是8位，HDR线性空间是32位，图像可以得到更多的细节、深度。因为8位图像没有足够的色深来判定噪波里灰白阶间所拥有的色彩细节度，在预览时为8位，实际渲染换成32位。

4．RGB烘焙：带有色彩信息的图像，如果要烘焙出色彩，打开此项。

5．反转：此处的反转无效（可能是bug），可以利用渐变节点来弥补，不能影响置换的反转：在噪波节点与烘焙纹理节点之间添加一个渐变节点，在渐变节点里反转渐变滑块。

6．功率和伽马：此处也无效，可以利用颜色校正节点来弥补。

7．UVW变换：在烘焙纹理节点点击后产生变换节点，但它调整的是烘焙出来后的图像文件，在放大时会变成低分辨率。推荐在烘焙的这个节点，如噪波里使用UVW变换，因为噪波是个无限程序，就像没有像素的矢量，不必担心放大问题。

8．边框模式：只会影响颜色，对置换不影响。

转换（变换）节点

1. 棋盘格节点：任何连接此节点可创建一个黑白棋盘图案。

2. 转换节点只应用于UVW（贴图上的XYZ轴，防止与3D空间里的XYZ混淆）转换设置，此节点基本只会在2D空间里调整2D纹理，然后在对象UV上移动纹理。

3. 转换节点—类型：

（1）变换数值：能够全局查看每个参数的可能性。一共有3组XYZ：第一组R.XYZ代表的是旋转设置；第二组S.XYZ代表的是缩放设置，取消锁定长宽比后，单独缩放Z轴无效（因为2D纹理没有Z空间）；第三组T.XYZ可以移动纹理上下左右。

（2）2D变换：只能在2D空间里调整所有位移设置。因为2D空间只能旋转Z轴，所以R.XY无效。

（3）3D旋转、3D比例：简化控制，只能得个别参数的设置。

（4）3D变换：与变换数值相似，但在缩放参数中的Z轴是有效的，可以设置平铺效果（但R.XYZ中的参数有所设置才能调整Z轴）。

投射节点

投射节点—纹理投射

1. 网格UV：所有材质包括C4D材质里得到的标准设置，只算是UV贴图，不算投射方式。UV选集：可以在对象上设置3个不同的UV。

2. 盒子：可以想象有个正方形在对象周围，从每个角度投射到它的每一面来完成方形投射效果。

内部变换—变换类型：Transform Value、3D Transformation和2D Transformation里所有设置和效果一模一样，但2D Transformation只能在2D转换空间里发挥作用；3D Scale，只有缩放。

3. 位置：对象空间，纹理会以对象本身的单位位置投射在对象上，纹理跟对象一起移动；世界空间，纹理锁定在世界坐标中心，纹理不动，对象移动贯穿纹理。

4. BOX：用一个外部对象来调整投射效果。先创建一个立方体，拖到空白的插槽，就可以在C4D视图里移动、缩放这个立方体来对纹理进行调整。

5. 圆柱体：除了以圆柱体投射，基本和盒子一样。

6. OSL投影、OSL延迟UV：非常具体的投射模式，OSL语言的一部分。可以输入到OC里的开放资源代码，得到参数的特定控制。

7. 透视：专门与OC摄像机一起应用。新建一个OC摄像机，变换类型必须要改为Transform Value（其他类型都不能让它发挥效果），拖到BOX里的空白插槽，然后就可以通过拉近拉远镜头、旋转摄像机等操作来控制投射效果。

8. 球形：在3D Transformation下，R.Z改为1或-1，它会完美旋转，清除边缘的接缝。

9. 三平面：和三平面节点结合使用。

10. XYZ到UVW：和三平面投射模式很像，也和盒子投射模式很像，只是它从实际的轴分别进行投射，从Y轴、Z轴、X轴上进行投射，唯一不同的是并不会在这里融合任何东西。这个模式主要是用来控制和调整3D对象，例如噪波（默认2D），在使用此节点此模式前，可以看到噪波在对象上的接缝，使用后便为一体，这是因为是在3D空间里从每个角度投射。

污垢节点

运算差异，多边形越接近的地方裂缝越接近彼此，它会渲染成黑色；对于低密度、较为平坦、较少裂缝的部分，它将会更平顺，并渲染成白色。

1.细节：提高部分区域受污垢节点的影响，与半径相结合使用。如果对象上的三角形过多，容易产生一些斑点。

2.半径：调整黑色部分的渲染范围，参数越高，对象更多的部分被污垢节点所影响，提高到1000黑色会覆盖整个对象。

3.公差：提高公差，减少污垢节点对缝隙外部的影响力，使污垢节点更专注于对象的缝隙。

4.翻转法线：渲染的黑白区域翻转。

次表面散射简称3S，是光射入非金属材质后在内部发生散射，最后射出物体并进入视野中产生的现象，是指光从表面进入物体经过内部散射，然后又通过物体表面的其他顶点射出的光线传递过程。

衰减贴图节点

衰减贴图节点：基于你对对象的视角（与摄像机无关）而创建颜色的衰减效果。

1.最小数值、最大数值：OC固有设定，0是黑色，1是白色，而中间任何数值皆是灰阶，从0到1就是黑色到白色的变化。最小数值，控制靠近视角的区域为黑色；最大数值，控制远离视角的区域为白色。应用在球体上，显示球体边缘基本为最大数值的区域，内部为最小数值的区域。

2.衰减歪斜因子：提高参数，控制最大数值的区域靠近视角，即显示黑色的最小区域越来越多，反之显示白色的最大区域越来越多。

3.衰减方向：控制衰减往哪个方向，三个数值框分别代表XYZ，例如中间的框为1，意为正Y，−1为负Y。在法线到眼睛光线模式下无效。

4.衰减贴图节点—模式—法线到眼睛光线：只有这模式的衰减方向完全基于你观看对象的角度。

5.法线到矢量90°：从对象中心点出发分别显示黑、白色。

6.法线到矢量180°：黑色区域占大部分，仅留底部为白色。大部分情况用法线到眼睛光线模式（如做个视角跟随摄像机运动的眼睛），虽然第二、三模式可以做渐变效果，但它的渐变方向完全锁定，用渐变节点可替代。

大理石节点

大理石节点：一种程序生成，只以黑、白、灰色阶来生成图案的噪波。

1.偏移：垂直走向偏移噪波图案。在纹理投射节点里，把R.X改为90°，这样偏移方向不会局限于上下，而是侧面旋转。

2.Omega：控制多层级噪波的混合效果。在0时，不会融合任何噪波层，只会显示第一层噪波，细节尺寸的层级也就无效。

3.差异化：调整噪波之间的变化。

4.细节尺寸：控制噪波层级。只有1层时无法融合，Omega无效。

噪波节点

噪波节点—着色器—类型：

柏林：当细节尺寸16层，Omega设置在1时，图案已经失去对比度，这时候调整对比，凸显黑白细节。在其他类型噪波里，需要调整伽马与对比，两者取得一个平衡才能凸显黑白细节。

随机颜色节点

给每个单独实例对象添加一个随机颜色：

黑、白、灰色阶。当克隆器上了材质要渲染时，要注意打开/关闭渲染实例。

随机颜色节点同时输入漫射、粗糙度通道，得出一个颜色越黑的越光滑；如果要改成越绿的越光滑，可在随机颜色节点与漫射通道之间加一个渐变节点，来调整颜色。

建议渐变节点和随机颜色节点配合使用。粗糙度与随机颜色节点之间加一个渐变节点，就可以在渐变节点里通过调整渐变滑块的颜色，来调整材质的粗糙度。

随机颜色节点—着色器—种子：更改随机值。

山脉状分布节点

类似噪波节点

1. 功率：输入的强度，上限为1，但点击右边的纹可创建一个浮点纹理节点来调整功率，且上限为1000。

2. 分形间隙大小：调整低层噪波的融合效果。

侧边节点

基于多边形的法线显示不同的颜色，反法线面显示黑色，正法线面显示白色。

着色器—反转：可以反转显示黑白色，如果要改变显示颜色，可在它们之间加一个渐变节点。

固定纹理节点

控制导入纹理的最小、最大值。

1. 余弦混合节点：余弦混合节点与混合纹理节点相似，能够混合两个输入设置，也就是纹理1和纹理2。但两者的区别在于它们的混合效果——数量。

余弦混合节点会以一个正弦波模式进行运作，在从纹理1淡化到纹理2的过程是有机式的弧形运动，而超过纹理2时会不断重复。

2. 混合纹理节点是一个相对线性的运动形态。区别具体表现在，当数量一直超过1时，余弦的混合效果会在纹理1和纹理2之间来回，而混合纹理则只显示纹理2。

渐变节点

渐变节点的渐变功能基于C4D节点系统进行运作（此节点即渐变里的滑块），右击渐变条有多项功能。

渐变节点—着色器：

1. 线性、径向：渐变方向。

2. 插值：线性，默认插值。常量，渐变呈现一个非常硬朗的边缘，这是创建多重硬边颜色效果的操作方式之一。立方，与线性相似，区别在于线性是个完美的直线过渡效果，立方是个有机式的正弦波过渡效果。

3. 平滑：平滑渐变效果，但当前3.08版本不能使用。

4. 模式：改为复杂后，多出一个输入，在渐变条上新增滑块时，就会在输入的参数框里打开新插槽的占位符。它的运作方式是一个start（开始值）、end（结束值）和value1、value2……（多重数值），start代表渐变的开始（渐变条右边），end代表渐变的结束（渐变条左边），每一个value代表一个滑块。当拖动渐变条的滑块时，就是在两个图像间进行变换，而texture就是利用图像的亮度值（类型改为浮点，显示图像为黑白，节省一点显存），来控制两个图像在变换时的显示效果。

5. 渐变条里的滑块颜色十分影响变换时的显示效果，可把图1再连接上value1以加强图1的显示，图2再连接上value2以加强图2的显示。

混合纹理节点

一个节点只能混合两个纹理，如果想混合

更多图像纹理，可再新建节点，然后旧的节点输出到texture1（插槽1），新的图像纹理再连接texture2。amount可以用旧纹理，也可以用新的。

多重节点、添加节点、减节点

1. 多重节点：正片叠底混合任何连接它的对象。

2. 添加节点：基于亮度值混合连接该节点的两个对象，对于灰黑部分该节点不会运算。如两个纯黑背景的图像，黑色是无亮度，白色是纯亮度，图像的主体就通过亮度正片叠底在一起（该节点其实是添加它们的亮度值）。如果是两个亮度值不同的图像，亮度更高的图像在上层，更低的在下层。大部分情况下，两个图像连接添加节点的先后顺序不会影响混合效果。

3. 减节点：和添加节点相似，减节点从一个纹理里减去另一个纹理。该节点有非常重要的顺序排列，奉行上减下的法则。如果把大的五边形连接到插槽2，就是小的五角星减大五边形，会得到一个纯黑的效果。

置换节点—着色器

1. 遵循几何法线：跟随对象的多边形的法线。遵循顶点法线：根据对象的平滑着色的顶点法线创建置换效果，对象的平滑标签可以控制置换角度。遵循平滑法线：OC生成自己的平滑效果，与C4D的平滑标签区分开。

2. 数量：控制置换的量，0表示禁用了置换效果。

3. 细节等级：基于置换贴图的像素单位来控制置换效果的细节程度。拉近平视看边缘时，会出现一条黑色高光线，这也是假置换效果的弊端。

4. 过滤类型：模糊置换贴图，让边缘不

会呈现锯齿效果，尤其是在细节等级不高时。其中盒子与高斯是两种不同的模糊算法，前者柔和但效果不一定好，后者高质量但花费更长时间运算。

5. 过滤半径：控制置换贴图的纹理模糊效果。

6. 中级：0为外置换，1为内置换。一般为0.5，向外置换一半，向内置换一半（a数量的一半），和C4D的置换变形器—对象—类型—强度（中心）一样的效果。

黑体发射器和纹理发射器节点

主要功能是作为一个能够让对象发光的材质输入。OC中能发光的材质只有两种：漫射、透明。此外混合材质、融合材质也能够发光，但前提是必须结合漫射或者透明材质作为应用发光材质源。

这两个发光节点几乎一样，除了一项小细节：黑体发射器节点有温度设置发光颜色，而纹理发射器通过纹理设置。

吸收介质节点

1. 吸收介质节点仅能在两种材质上运行：漫射、透明。透明材质只有一个通道能够让吸收介质节点运行：介质，该节点的功能是调整材质里吸收光线的层级。

透明材质下的吸收介质节点密度：控制密度或吸收的强度，超过1时，透明材质的对象将越来越不透明。

2. 体积步长：显示在吸收力的细分或细节，该参数越小，密度和吸收分辨率越高。当参数为1时（默认为4），对象体积和深度运算上会得到4倍的分辨率，但大部分场景里，体积步长对吸收介质不会有太大影响，只有操作VDB体积器的时候最明显。

3. 反向吸收：该节点其实有两种吸收色

的运算，一种科学正确，一种偏艺术。正确的运算方式是所有吸收色会被吸收到对象里，不被反射，例如RGB颜色节点调成蓝色，然后连接吸收介质节点，反向吸收取消，就会从任何照亮的部分里抽取掉所有蓝色，对象就呈现一个相对的红色。这是科学正确的方式，但比较麻烦。

漫射材质下的吸收介质节点

首先要在漫射材质的对象上设置一些次表面散射才有效果，方法是：在传输通道上设置需要的颜色。另外漫射通道里的颜色对能否穿透光线影响很大，明度（V）为0时，材质表面不会得到任何反射光，这将是个纯次表面散射；明度为100%时，无法看到任何照透对象的灯光。如果再适当调整H、S，就可以得到一个通过对象的次表面散射灯光。

顶点贴图节点、位图节点

在节点编辑器左边一列节点里，最下面的一个类别都是C4D节点类别里的一部分。点击加载图像，节点编辑器就自动添加一个位图节点。直接往节点编辑器拖入图片则是自动添加一个图像纹理节点。

1.顶点贴图节点：选择对象上一部分的多边形，然后在菜单栏里"选择—设置顶点权重"，数值改为100%，所选择的这部分多边形变为黄色区域，即创建了顶点贴图，对象也添加了一个标签。而这部分数据也可以带回OC里，把这个新建的标签拖到顶点贴图节点—着色器—顶点贴图。

2.位图节点：它是从C4D移植到OC里的功能，与OC所创建的图像纹理节点完全一样。但更推荐使用图像纹理节点，因为它更稳定、控制更多。

位图节点—着色器

1.采样：选择想要采样或诠释这个图像的加载方式，基本上是一些不同类型的抗锯齿化参数。因为位图节点是从C4D整个移植过来，是个C4D效果，这个采样设置在OC里并不能正常运作，还有曝光、HDR gamma、黑点和白点设置都不能正常运作。

2.色彩特性：根据图像类型，选择嵌入方式。在图像纹理节点也可以通过调整伽马值来取得同样效果，一般线性图像大概以1导入，sRGB更倾向于2.2的比例导入图像。

3.图层设置：这是个图像纹理节点里无法做到，但在位图节点可以做的设置。当导入图像如PSD，它有多个图层，而图层设置就可以选择哪个图层。要注意点击选择后，跳出一个选择框，最下面有个显示图层内容要打钩。

4.位图节点—基本：模糊偏移、模糊程度在OC里无效。

5.位图节点—动画—计算：自动计算导入的序列图像这个动画需要设置多少帧，并自动解读合成帧频。

着色节点、C4D渐变节点、噪波节点

1.着色节点：改变导入的图像的颜色或进行着色，它的运作和OC渐变节点完全一样，而OC渐变节点更强大的地方在于它同时拥有C4D渐变效果功能。着色节点—着色器—输入、循环，在OC无效。

2.C4D渐变节点：比OC的渐变节点多如湍流之类的效果，但OC可以利用噪波节点来获取湍流效果。

C4D渐变节点—着色器：

（1）类型：控制渐变运行的方向，因为它被转换成2D图像，二维里所有的类型都能运作。

（2）循环：在C4D里的功能是帮助噪波在UV边缘更好地平铺，当UV结尾或者结束UV的时候，UV有时会比原来纹理大得多。OC里运作得不怎么样。

（3）阶度：控制湍流的复杂性、细节性，参数为0时，湍流只剩白色。

（4）频率：用关键帧做渐变阶度和噪波的动画，参数越大，动画效果越快。

3. 噪波节点：C4D噪波在OC里的运作方式有点不一样，它其实由像素组成，这是它的限制。因为噪波节点是个2D图像，着色器—动画速率、循环周期、空间不能在OC里运作。

七、OC渲染添加设定

高级设定

渲染器设置一核心—光线偏移、过滤尺寸，这两个参数在直接照明和路径追踪两个模式里都是一样的效果。

1. 光线偏移：控制光线回弹到几何形体上的细节和深度，数值越小，光线在反弹前接触几何形体表面的距离越近。如果有个很大的场景，光线偏移的数值越小，对象上灰色的弧线越多。但数值过高，光线就无法在细节反弹，无法计算阴影部分。所以需要根据场景大小，平衡光线偏移的数值，但0.0001默认的预设值对大部分渲染都有效。

2. 过滤尺寸：OC里的一种抗锯齿化控制，如果在场景里发现锯齿边缘，可以提高参数来平滑掉，但参数过高，会使之模糊。一般1.2即可。

3. Alpha阴影：打开此项，可以让光线穿过设置了Alpha的对象。

4. 焦散模糊：焦散是指当光线穿过一个

透明物体时，由于对象表面的不平整，使得光线折射并没有平行发生，出现漫折射，投影表面出现光子分散。但在OC中，光线非常生硬直接地打在光泽材质上，然后反弹在地面的这部分光斑，OC基本上也叫它焦散，也可以被焦散模糊所控制。

焦散模糊的数值过低，焦散的区域就很容易出现噪点，过于锐化，没有扭曲。提高数值可以降低这一区域的噪点，并模糊焦散，缺点是开始丢失细节，甚至失去真实感。一般默认0.02，也可适当提高到0.1。

5. GI（全局光照）修剪：控制光线在场景里持续反弹的次数，数值过低会丢失焦散效果，数值过高对象上会有萤火虫或亮斑效果。建议数值在25。

6. 辐照模式（irradiance mode，3.07版本没有）：为unity游戏引擎服务，一般情况下禁用。

7. Alpha通道：场景里所拥有的背景或环境被Alpha所取代，裁剪成Alpha通道。但在图片查看器里不会把Alpha通道渲染进去，除非提前设置。

8. 保持环境：稍微把部分背景环绕在前景对象的边缘，一般打开此项。

9. 路径终止强度：减少对光线的终止影响，数值为0时表示放任光线路径。数值为1时，加快渲染速度，但会把反弹到太远或太暗、难以计算的区域的这些光线丢失掉。所以该数值更偏向于质量，一般情况下默认0.3即可，如果场景里的黑暗处渲染得依然不干净，可以降低到0.1甚至0。

10. 连贯比率：设置为0时，会单独运算每个像素，渲染会更加真实；提高到1时，会在光斑、光块里进行计算，清理噪点的速度更快。在渲染动画时，不要启用连贯比率，不管采样多高，都会有光斑闪烁，非要用可以设置0.1。静帧渲染时，取决于当前场景情况，一般设置0.5。

11．静态噪点：大部分场景在默认设置下都会出现一些噪点（几乎所有渲染器都有一定的噪点），除非用十万像素来渲染。动画的每一帧都会有不同程度的噪点，打开此项会锁定每一帧里得到相同形状和模式的噪波，当移动视图时，不会再看到移动噪点。

12．平行采样：数值多少，就发射多少采样，越高计算越多光线，渲染速度更快，但会占据更多显存。如果有足够的显存来支撑你的场景，该数值越高越好。

13．最大平铺采样：静态噪点禁用时，移动视图噪点也会动，停止移动时噪点会稍稍停顿，然后画面慢慢变得干净，而这里的停顿就是平铺采样。参数为1时，每次平铺或光线的穿透会即时更新视图，即GPU需要不断把这些渲染到显卡上的信息，重新导出到视图里，所以它会提高GPU内存。参数为最高32时，平铺会更慢，要经过32次停顿才能得到更新，但运用更少的GPU内存，而GPU也不需要不停地暂停将信息传送到GPU，加快了渲染速度。

14．自适应采样：禁用此项，会得到一致的采样渲染，Ms/sec不会有太大的上下波动。

15．最大限度减少网络流量：针对本地网络渲染的设置，例如通过本地网络使用另一部电脑上的显卡，这项设置会在路由器上最小化当前使用的电脑上的网络流量，然后优先这台电脑的显卡运行。但不是所有电脑都会优先OC的数据，如果出现一些连接错误之类的问题，可以禁用此项。

八、OC渲染输出

OC渲染器面板

打开最终渲染的图片查看器的渲染设置（与实时预览窗口的渲染设置要区分开来），渲染器改为OC，就会多出一个OC渲染器通道。

1．几何体引擎：仅重新发送更新的对象，意为在播放动画时，只会在播放的时候重新加载已经动画过的对象。只有第一帧，场景里的所有东西都必须加载到显存里，后续的第二帧、第三帧……就只需加载移动的东西（如模型、摄像机等）。而重新发送所有场景数据，就是每一帧都将重新加载到显存里，建议仅在遇到漏洞时使用此项。

2．几何体控制：自动侦测，意为自动扫描整个动画，然后侦测需要重新加载的对象和哪一帧。所有对象可移动，这个选项会将场景里的所有东西当成具有移动潜在的对象来进行运算，基本上会加载每一帧的每个对象。对手分配，在对象上添加标签，手动设置成可移动或不可移动，更新每一帧或只更新特定帧。

检查每一帧的材质：每一帧检视材质是否有加载进去。

3．clay渲染：改为灰色即白模渲染。

4．使用全部GPU：开启此项，电脑里的每一张显卡都会全速全力处理渲染。在最终渲染时，极度推荐开启此项。

5．时间限制（秒）：限制渲染一帧需要的时间，超过这个设置的时间，不管渲染这一帧得到了多少采样，都要跳到下一帧渲染。仅适合在最后没有充足时间渲染时使用，平时为0即可。

6．邮件信息：将所有信息章印到渲染上的控制。

7. 覆盖核心设置：开启此项，就会覆盖OC渲染设置里的所有核心设置。

8. 渲染通道：开启后，会启用C4D里的多通道参数。

怎样保存OC渲染

如果地面也想被最终渲染出来（虽然在实时预览窗口能看到），需要添加一个C4D Octane标签—对象标签，这样才能把它渲染到图片查看器上。最终渲染时，实时预览窗口的渲染点击锁，停止渲染。

第一种保存方式：

1. 打开图片查看器的渲染设置，渲染器切换为OC。

2. 打开OC渲染器通道，启用渲染通道，至于其他启用的保存、多通道等通道不用关闭。

3. 文件：点击最右边的"…"保存渲染出的文件的位置。分隔符可改成其他符号，它是用来针对渲染帧数的命名区分方案：文件名_数字。

4. 格式：正常运用的只有两种格式：PSD，针对静帧。同时下方的depth设置深度类型（推荐32位）。

5. 保存完美通道：必须开启此项，这样才能渲染出在实时预览窗口里看到的最终主要的完美通道渲染效果。

6. 多层文件：必须开启此项，它会把所有东西合成到一个文件里。多层文件的运作流程：先到实时预览窗口的渲染设置里的后期面板，调出一个想要的效果，实时预览窗口就可以看到一个所有东西渲染在一起的完美通道。

现在要将后期效果图层与背景区分开，以便于在PS中调整。打开渲染通道的小三角，其中的后期打钩，就可看到后期效果在实时窗口里消失。

之后渲染导出的PSD，有两个图层：后期效果图层、完美通道图层。

7. 渲染动画：推荐格式为EXR，想要渲染得更好看，压缩改为没有，禁用多层文件，启用文件夹。然后到输出通道，把帧范围切换到全部帧。EXR格式渲染是有漏洞的，如果在渲染中途暂停，会丢失当前正在渲染的那一帧。

第二种保存方式：

较为快速且粗糙：点击OC实时窗口的菜单栏里的file（3.07版本没有），里面可以选择保存PNG8、PNG16、EXR图像（32位图像），或者色调映射EXT文件。色调映射是OC里实时看到的颜色配置文件，一种对图像颜色进行映射变换的算法，通常被理解为将颜色值从高动态范围（HDR）映射到低动态范围（LDR）的过程。

渲染Alpha通道

打开OC渲染设置—核心—Alpha通道，即可自动在场景的背景创建Alpha，这包括灯光对象、HDRI对象等所有背景的对象都会被移除。禁用OC渲染设置—核心—保持环境，再取消OC实时窗口菜单栏上的选项—显示Alpha，这样Alpha背景就变成黑色，而不是灰白格子。场景里如果有个透明材质，要启用它的common通道里的影响Alpha，这样才能看透透明材质背后的Alpha背景。在最终渲染时，图片查看器并不会看到任何Alpha通道，这是因为当前在图片查看器里所看到的只是输出前的预览，而真正被保存输出的是OC里的画面。因为OC只支持自己的渲染通道，图片查看器里所看到的不一定是最后导出的。

有关Alpha的参数：OC渲染设置—摄像机成像—lamger：

1. 预乘Alpha：它不会实际影响场景在

OC渲染里的效果，只是用来控制文件的输出方式，看合成软件是适用预乘Alpha设置，还是适用非预乘Alpha设置，AE是适合两种的。

2．禁用部分Alpha：开启此项时，对象边缘是硬边，不会与背景的颜色有渐变交融；禁用此项时，边缘向外慢慢变透明。要注意的是开启此项，会导致无法透过透明材质看到背后的Alpha背景，所以一般不开启此项。

渲染通道

C4D渲染设置—OC通道—渲染通道面板里，最下面有六个收起的面板：渲染通道、渲染图层、灯光通道、渲染图层蒙版、信息通道、材质通道。

1．渲染通道

原始：能影响所有的通道，然后确定它们将如何被烘焙出来。打开此项会允许更多的原始数据被收集到你的输出通道上（原始数据不代表有更换的位深或更多细节），不了解此项就不要启用。

漫射：所有漫射输入的光。

直接漫射：第一次反弹的漫射光。

间接漫射：第二、第三次的反弹光。

反射：有反射输入的光。

后期：禁用此项时，在OC渲染设置—后期里调整的后期效果，就会应用在主要渲染通道里。开启后，后期效果不会应用于主要渲染通道，会变成单独的图层以便查看。如果是渲染PSD文件，后期效果也会有单独的图层。OC渲染设置—核心—保持环境对后期也有影响（前提是启用了Alpha通道），禁用保持环境时，然后进入后期效果通道，这时就不会看到与后期效果协作的HDRI或者太阳光等背景。该操作适合只想要后期效果，不想要背景的需求。

阴影：预览阴影通道，它会把整个场景转换成黑白，阴影变成黑色，任何不适阴影的部分变成灰白色。HDRI标签—主要—重要性采样一定要开启，否则阴影通道里的场景全部变成纯白画面，完全失去阴影通道。

2．渲染图层：把场景不同的对象定义为不同图层，同时把图层区分开，进行不同的操作。例如可以把除地面之外的所有对象作为第一层，地面作为第二层，而所有阴影和反射留在第二层的地面上，这样就能得到一个容易合成到其他场景里的Alpha通道。

启用这个设置后，场景里所有东西消失，全部画面为纯黑色。具体操作：

图层ID切换到1（C4D、OC里除背景每个对象默认设置在第一图层），现在把地面设置为第二图层（添加OC对象标签，对象图层—图层ID改为2），随后实时窗口不见地面，但依然可以影响第一图层产生阴影、反射等。如果第一图层不想被影响，可以给地面添加一个漫射材质，在漫射通道里把明度（V）改为0。

反转：图层ID反转，一般不开启。

黑色阴影：图层通道，黑色阴影会在自己的图层通道只显示地面上的阴影并隐藏地面，因为地面属于第二图层，其他对象属于第一图层，所以投射在其他对象上的阴影并不会在这里运算。如果想要某个对象跟地面在黑色阴影里一起被运算，需要改这个对象的图层ID为2。

彩色阴影：这个通道只显示纯白画面，它的效果完全来源于透明材质，需要启用透明材质的伪阴影，并在传输通道里设置一个透射色，这时就能看到彩色阴影通道的效果（对象离地面越近越明显）。它基本上是光线在伪阴影打开的前提下照透一个透明材质所引发的效果。

反射：与黑色阴影一样，只显示撞击在地

面上的反射效果。需要注意，如果渲染图层禁用，但黑色阴影、彩色阴影、反射依然是启用状态，最终渲染时依然会有黑色阴影、彩色阴影、反射的通道图层，但这些图层是错误的，所以禁用渲染图层时，这些图层通道同时也要禁用。

模式：正常，默认模式。只有侧面效果，这个模式不显示对象，只显示各个图层通道的效果。隐藏非活动图层，不常用。

3.灯光通道：首先要把灯光对象区分到不同的灯光通道，在灯光标签—灯光设置—灯光通道ID设置，之后再回到灯光通道里启用相应的，渲染出一个把灯光区分在不同图层的完美通道。

4.渲染图层蒙版：对场景里的对象创建对象缓冲区，这是个只有渲染出来才能看到效果的设置，而且是要OC自己完全渲染导出，渲染中途手动停止而导出的是错误、不能用的。

具体操作：给一个对象添加对象标签，图层ID改为3，渲染图层蒙版里的ID3也启用。因为图层ID2是地面，如果对象的图层ID改为2，渲染图层蒙版里的也启用ID2，那么这个对象会和地面一起算进蒙版里。对象标签里的图层ID的设置范围是包括"渲染图层"和"渲染图层蒙版"的。

"渲染图层蒙版"最终渲染出的渲染层遮罩图层里，图层ID3的对象会被创建成白色部分，而不是白色部分的、不是图层ID3的，会被裁剪出Alpha通道。

九、体积分布和体积对象

OC散布（分布）对象

OC分布对象和C4D的克隆对象一样，不同的是，分布对象的克隆需要在一个表面上，可以是平面，也可以是球体，然后拖入到OC分布—分配—表面，再创建一个立方体作为分布对象子级来进行克隆，这样立方体就在这个对象的表面上克隆。

因为OC是在视觉上创建克隆，克隆巨大数量只占据极小显存（20万个立方体时只占据50M的显存），这是比C4D强大的地方。

1.分配：顶点，对象克隆到这个平面上的每个顶点，这些顶点就在平面每条线交叉的地方，所以平面的分段要够多，计数的调整才有效。表面，克隆出的对象随机分布在表面上，可以随意调整计数，对平面分段没有要求。

2.计数：分布对象的克隆对象的数量。

3.种子：控制克隆的随机种子生成。

4.保持距离：提高数值，可避免每个克隆的对象相互交叉。如果计数过大，保持距离会阻止克隆的数量超过一个会造成它们重叠交叉的数量，即过大的计数无效。保持距离和C4D里的运动图像—效果器—推散一样，都是把对象推散，不让它们交叉重叠。

5.法线对齐：如果是克隆在有弧度的表面，法线对齐就可以控制克隆对象的方向是否跟随有弧度的表面，而0~1就是调整两者间的方向。

6.向上矢量：法线对齐的精确版，使用时法线对齐要为0。向上矢量的三个参数框分别对应克隆对象向X、Y、Z哪个方向克隆。

7.顶点贴图：根据顶点贴图来分布克隆对象。提高右边的限制，会修剪顶点分布，会从边缘往内缩小。

8.着色器设置：和顶点贴图类似，但它是利用着色器（如噪波）通过最小、最大值来控制分布。提高最小值，分布的范围越来越小，同样降低最大值也是范围越来越小。需要注意的是削减范围，里面的克隆对象的数量也是会被削减的。

如果分布对象有两个子级，会以着色器来分布两个子级，需要注意最小、最大值不是分布两个子级的控制，这两个值的作用是削减分布范围。如果清除着色器，在默认设置下分布，就是一个随机的混合体。

9. 位置：三个参数框对应X、Y、Z（X、Z 3.08版暂时无效），提升Y轴就可以控制克隆对象向上移动，远离表面。下面的着色器还可利用渐变、噪波等搭配三个参数框来改变所有克隆对象的位置，白色向上，黑色代表0所以不动。

10. 缩放：使用着色器时，黑色代表不可见。均匀启用后，会以三个参数框的第一个为标准。

11. 旋转：使用着色器要搭配X参数框（Y、Z无效）时，黑色代表没有旋转，而克隆对象会向白色靠近。

12. 法线阈值：不常用。

13. OC分布—显示：控制在C4D透视视图窗口里显示的绿色线条，它们表示克隆对象的位置。绿色线条在这个面板，可以改成其他形状和颜色显示。

（1）显示值：可以按百分比显示绿色线条的数量。

（2）八个颜色，对应的是分布对象的子级。

（3）OC分布—效果器：可以让OC分布对象应用运动图像里的效果器。

体积雾和VDB体积

OC体积雾是真实的体积烟或雾，拥有真正的深度，能实际吸收和散射。主要面板里的类型可以互相切换体积雾和VDB。

1. 体积—生成：云朵的形状是基于C4D噪波。

2. 体素大小（编辑）：体素是构成体积雾的元素，是一个个小方块。体素越小，模拟分辨率越高，但渲染得越慢。

3. 尺寸：尺寸越大体积越大，渲染也越慢。

十、OC台灯场景渲染

渲染布局

做渲染时最重要的就是布局的规范，把每一个场景想象成一个房间，在内部进行打灯和位置空间的布局（图33）。当做好这个场景时，就应该考虑自己是做室内的环境还是室外的，当然这些也是取决于场景的调性的铺垫。作为一个封闭的场景，周围肯定都是被墙面挡住的，所以就把这个桌面的问题想象成一个午后或者中午时的环境氛围，也专门去做了一个折叠窗户的设计。在开始做渲染部分的时候，第一个案例就是灯光倒影的案例，这也是光影关系所导致。这样去分析的话很容易就能明白，哪一个光源将是主光，哪部分会是辅助光。光源的处理也是渲染必不可少的部分，一个光源的确定决定整体明暗关系。

Octane渲染工作台设置

最基本的布局前面都已经说了，先把实时窗口吸附到这个窗口左边，接着就是需要单独建立一个移动灯光和模型的窗口，因为在移动场景视角的时候，总是会点击到摄像机窗口，也不能在线实时看到变化的效果，这个时候就可以新建一个窗口方便去建立环境和灯光（图34），然后将新建的窗口吸附到工作台后面，可以把渲染窗口锁定调整到整个环境都能看到的图片大小（图35）。

灯光

在布局的基础上考虑灯光如何布置，在这个场景中非常明显的就是窗户外面的光源落在桌面，所以我们第一盏光就是在外部（注意：在C4D窗口上不能直接建立光源，需要先把之前的OC基本布局调整好）（图36）。

现在缺少的就是基础环境，在渲染步骤之中其实环境基调的搭建永远都是排在第一位的，所以需要再设置HDRI环境，这个在单个知识点介绍的时候已经说了，这里就不说了。直接在实时渲染窗口上的objects里面的HDRI环境，接着就是找一张贴图即可（图37），之后很容易就能看到效果，HDRI环境光的效果就是360°场景打亮。接着就是室内光的建立，可以把内部光源想成室内的灯泡，只是为了照亮罢了，哪里需要就往哪里放（图38）。

这三个光源基本就能满足场景的需求，当然后期需要辅助光源的添加也是可以的，不过，光不是越多越好，但是若没有足够光源去撑住环境也是不可以的。所以这个度一定要去把握住，不然后期再去调整会非常麻烦。

渲染设置

打开Octane的渲染设置，首先把渲染的模式调整为路径追踪，接着就是把预览的渲染次数调少些，128左右即可。然后在摄像机成像里面设置为线性的模式，以及伽马值为2.2。这些都是前面说过的基本渲染设置调节，千万要记住这些是Octane的工作流程，也是必不可少的一部分，然后需要根据场景的要求去更改漫射和折射的深度，当我们的场景漫射物体多时，这个数值最好往上加上去，这样所展现的细节会更加多，折射也是如此。

贴图的准备

首先看看成品的效果（图39），拿到这张图的时候我们就要分析需要哪些贴图去支撑，一眼看过去会发现背景是有纹理感以及凹凸感的，这个时候可以想到凹凸和法线贴图，以及桌面的木纹和书本的海报等。那么这些贴图就要去找一一对应的（图40）。

图40中是笔者找的一些贴图，大家一定要区分好哪些是法线、凹凸和书本的贴图样式，这些都会影响作品的后期成效，这个环节一定要仔细地去找。

材质讲解

首先就是背景和桌面大面积材质的调节，新建一个漫射材质，把相对应的贴图放入对应通道（图41），记住一定要调节好整体UV的大小，不然会出现不搭调的情况。接着就是桌面的调节，一样先建立一个漫射材质球，将对应的贴图放入对应通道。

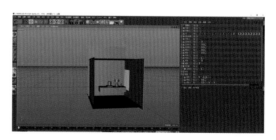

图33

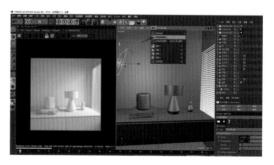

图34

图35

图39

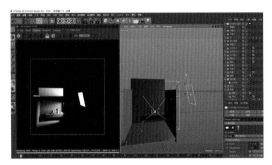

图36

图40

图37

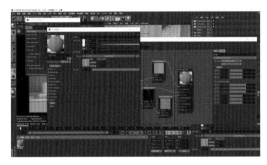

图41

图38

十一、作品欣赏

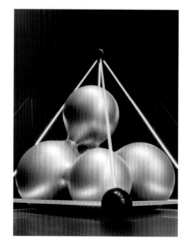

后 记

书稿经历大半年的编写、修改，终于成型了。而本书的内容，则经历了4年的技术积累。回想着编写过程中的日日夜夜，回想着学习软件技术的时光，回想着工作项目上的种种艰辛，真是酸甜苦辣、百感交集……

本书讲述的是建模部分，是学习掌握好三维技术的关键。在漫长的学习之路上，基础往往决定了未来的高度。我们的初衷也是为大家写一本人人都能看懂的书，并根据本书内容能够快速上手使用软件，近而为大家打开通往世界的大门。

目前三维影视行业蓬勃发展，当然三维也要选对软件，在书中我也提及了市面上比较常见的三维软件，以及每个三维软件的突出功能和擅长领域。C4D的优势就在于易上手，界面布局简洁明了，融于市面上主流渲染器。说到渲染器大家刚刚入门可能不会知晓，那么渲染器简单来说就是优化模型的质感、光感和材质，每一个渲染器也都有自己突出功能和擅长领域。这里我向大家推荐两款：C4D Octane渲染器和Redshift渲染器，简称为OC和RS。但是一定要记住打好基础是我们学习任何知识的关键，大家学习到进阶阶段时，各种外部插件自然而然就会浮现出来。

目前高校软件教育中普遍存在重理论轻实践、重知识轻能力的现状。

大部分从业者都是从大学的入门和自学进阶而来的，其建模技术也是从各种途径磨炼出来的，古人云：书读百遍，其义自见。我认为，读书与建模是相通的，蕴含着同样的道理。我们也接触过一些建模能力强的人，他们也几乎都是"自学成才"！

但只靠自己摸索，走弯路是不可避免的。我想，像我当初那样热爱建模技术而又乏人指导的人一定有许多。4年建模，略有所得，我觉得有责任将自己在实践中悟到的一些东西与大家分享，我只想表达出自己对于建模的看法，回答出"怎样建模"这个既简单又复杂的问题，努力勾勒出一棵软件技术的大树，为许许多多的学生和三维爱好者提供一个入门学习软件技术、巩固基础的路线图。

本书的最终面市，离不开许许多多朋友的鼎力相助，离不开出版社编辑和美工等相关人员的辛勤劳动，在此深深地感谢他们！

最后，表达一句我们心中的美好愿望：

大家一起努力，一定能铸造辉煌的明天！

编者

2022年9月

图书在版编目（CIP）数据

C4D三维设计基础 ／ 徐峰，余本新主编；吴厚湛等副主编 . — 沈阳：辽宁美术出版社，2022.9
ISBN 978-7-5314-9226-9

Ⅰ．①C… Ⅱ．①徐… ②余… ③吴… Ⅲ．①三维动画软件 Ⅳ．①TP391.414

中国版本图书馆CIP数据核字（2022）第166449号

出 版 者：辽宁美术出版社
地　　　址：沈阳市和平区民族北街29号　邮编：110001
发 行 者：辽宁美术出版社
印 刷 者：辽宁一诺广告印务有限公司
开　　　本：889mm×1194mm　1/16
印　　　张：11
字　　　数：150千字
出版时间：2022年9月第1版
印刷时间：2022年9月第1次印刷
责任编辑：罗　楠
装帧设计：彭伟哲　王艺潼
责任校对：郝　刚
书　　　号：ISBN 978-7-5314-9226-9
定　　　价：78.00元

邮购部电话：024-83833008
E-mail：lnmscbs@163.com
http://www.lnmscbs.cn
图书如有印装质量问题请与出版部联系调换
出版部电话：024-23835227